JN060040

# 一度読んだら絶対に忘れない

MATH TEXTBOOK

# 数学の教科書

永野裕之

# 数学は「ストーリー」で学べ！

**「数学ができるようになるコツは何ですか？」**

職業柄、このような質問をよく受けます。

私はきまって**「覚えないことです」**と答えています。

数学が苦手な人の多くは、公式を丸暗記し、公式に数字を当てはめてひたすら問題を解くことが数学の勉強だと思っているようです。

しかし、暗記中心の勉強を続けている限り、大抵どこかで限界を迎え、挫折してしまいます。中学数学だけで100個以上登場する公式を意味もわからず暗記することなんて、苦痛でしかないからです。

**数学が苦手な人と得意な人との決定的な違いは、勉強方法の違い、つまり「数学を丸暗記してきたかどうか」**と言っても過言ではありません。

ではなぜ、公式や解法を丸暗記しようとする人がこんなにも多いのでしょうか？　一つは、「明日のテストをどうにかしなきゃ！」といった場合には、覚えてしまうより他に方法が見つからないからです。もう一つは、「覚えるしかない！」と思ってしまう程、ひとつひとつの公式や解法が何の脈絡もない暗号のように見えるからではないでしょうか。

**数学の勉強で最も重要なことは、公式が生まれるまでのプロセス、つまり「ストーリー」を理解することです。**一度ストーリーを理解してしまえば、公式の丸暗記なんてしなくても自分自身で式を立て、答えを導き出すことができます。「自分は間違った勉強をしていたな」という人は、今からでもこの「覚えない」勉強法に変えることで、１年後、２年後には、遥か上のレベルに到達していることでしょう。

本書では、数学の「ストーリー」を理解してもらうために、各単元の「起源」を織り交ぜながら全体を**1つのストーリーとして再構築しています。構成は、学校とは異なる「図形」「数と式」「確率」「関数」「統計」の順番です。**

数学の始まりは、私たちがリアリティを持ってイメージしやすい実生活の事柄、出来事と強く結びついています。**先人たちはなぜ、（一見、意味不明な）公式や解法、ひいては数学そのものを生み出さなければならなかったのか。**決して、後世のみなさんを悩ませるためではありません。そこには必ず、たとえ難解になろうとも生み出さなければならなかったやむにやまれぬ理由があります。それらを知れば、無機質で抽象的な数学にも、鮮やかな「ストーリー」が浮かび上がることでしょう。

本書のタイトルには、「一度読んだら絶対に忘れない」というなかなか強烈なワードが入っています。みなさんの中には「一度読んだだけで、数学を覚えられるわけないだろう！」と思う人もいるかもしれません。でも本当は、数学で覚えなければならないことなど、ほとんどないのです。

私は30年にわたる教師生活を通して、数学に苦手意識を持つ人たちのサポートをしてきました。みなさんの躓きどころは熟知しているつもりです。本書には、**これまで私が培ってきた数学指導のノウハウをすべて詰め込みました。**できる限りかみ砕き、丁寧にお伝えしていきます。それと同時に、**表面的な易しさではなく、自分の足で数学の深淵な世界を歩いていける学び方の「地図」をお渡しします。**

本書を通じて、数学が「絶対に忘れない」みなさんの知恵になることを心から願っています。

永野裕之

一度読んだら絶対に忘れない

# 数学の教科書

## CONTENTS

## 序章 算数のおさらい

## 第1章 図形

## 第2章 数と式

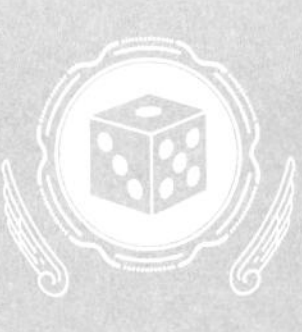

## 第3章 確率

## 第4章 関数

# 第5章 統計

# 公式の丸暗記は百害あって一利なし

## 最も重要なのは、公式の裏にある「ストーリー」

そもそも数学は何のために学ぶのでしょうか？

「社会に出てみたら、数学なんて全然必要なかった」「たしかに算数は必要だけど、方程式を解かされる機会なんてないのに……」

数学教師としてはとても悲しいことですが、このように思っている人は実際とても多いです。おそらく、学生時代に意味もわからないまま数学を「やらされてきた」経験に端を発しているのでしょう。

あえて断言してしまいますが、数学はすべての人が身につけるべき学問です。なぜなら、社会人になると必ず求められる**「論理的にストーリーを組み立てる力」＝論理的思考力を身につけるために必要なすべてが数学（特に中学数学）に詰まっているから**です。この力を身につけることこそ、数学を学ぶ最大の意義と言えるでしょう。逆に、この力さえ身につければ、大人になってから数学が苦手なせいで困ることなんて何もないのです。

私が常々、「丸暗記はダメ」と言っている理由もここにあります。「どうやってできた公式か」、そのストーリーを飛ばして丸暗記してしまうと、数学で本当に学ぶべき力を一切鍛えずに卒業してしまうからです。

**アインシュタイン**はこんな風に言っています。**「教育とは学校で習ったすべてのことを忘れてしまった後に、なお自分の中に残るものを言う」**

丸暗記をやめれば、数学を通して学ぶべきもの、身につけるべきものが見えてきます。それは、すべての公式や解法を忘れ去った後でも、あなたの中に残る宝物となるでしょう。

**図 H-1** 数学の公式は絶対に丸暗記してはいけない！

中学数学だけで100個以上登場する公式を意味もわからず丸暗記しようとすると早々に挫折する。

# 数学は「起源」のストーリーで学べ！

## 数学は先人たちの生活の知恵

本書の一番の特徴は、**「起源」を織り交ぜたストーリーで、中学数学を解説している**点です。なぜ、わざわざ「起源」まで遡る必要があるのでしょうか？　それは、実生活と強く結びついた数学の「起源」を知ることが、数学に登場する抽象的で難解な概念の理解にとても役立つからです。

「数学って何の役に立つの？」と思う人が多いことと、「数学って難しい！」と思う人が多いことは、おそらく無関係ではないでしょう。つまり、**実生活との繋がりの希薄さが、難しさに直結している**のです。どんな学問を習得する上でも、リアリティを持って「何をしようとしているか」をイメージすることはとても重要です。とりわけ数学は、直感的に理解しにくい抽象的な表現が多いので、その表現が現代の教科書に載るまでのプロセスを知ることが理解を助けてくれます。

たとえば現代においては、行ったことがない土地までの距離を、地図を使って簡単に知ることができます。それは、地図と実際の地形が「相似」だと知っているからです。しかし、図形についての知識が乏しく、現在ほど測量の技術が発展していなかった昔の人たちは、2点間の距離を正確に測るだけでも大仕事でした。**図形の性質を利用して紙の上で実際の土地の長さや面積がわかる数学の技術は、まさに生活の知恵でした。**

このように考えると、第1章で学ぶ相似の証明は「何をしようとしているか」というストーリーが浮かび上がってきます。

どうやってこの公式や解法が生まれたのか、何をしようとしているのか、常にストーリーに目を向けて数学を学んでいきましょう。

**図 H-2 中学数学5単元の「起源」ストーリー**

紀元前
6世紀頃

都市国家の成立

## 1 図形（幾何学）

合理性が重んじられる社会へ。目の前の物事を論理的に相手に説明する手法、「幾何学」が誕生。

交易の開始

## 2 数と式（代数学）

国家間の交易が始まり、通貨の取引が複雑・長距離化。計算を簡略化する手法、「数と式」が誕生。

貴族社会の発展

## 3 確率

財力を得た貴族たちの間で賭け事が流行。未来予測による攻略法として「確率」が誕生。

科学革命の勃興

## 4 関数

神話から科学へ。自然界に潜む因果関係を合理的に分析する手法、「関数」が誕生。

国家の大規模化

## 5 統計

科学の発展による人口爆発。大規模コミュニティを効率よく管理するため、「統計」が誕生。

20世紀

# 数学の勉強に必要な3ステップ

## 数学の勉強にも「補助輪」は必要

私がオススメする「覚えない」勉強法には3つのステップがあります。それは「①定義の確認」「②公式の証明」「③問題演習」です。

「①定義の確認」とは、数学に登場する**言葉（「素数」や「負の数」など）の意味を100%正確に知る**ことです。当たり前ですが、私たちは何かを考えるときに必ず「言葉」を使います。その言葉の意味が曖昧だったり、間違っていたりしたら、正しい思考は絶対にできません。それにもかかわらず、**公式の暗記はしても、用語の意味は確認せず曖昧なまま進めてしまう**人が驚くほど多いです。**数学の解像度は、教科書に登場するひとつひとつの言葉の意味を100%正確に知ることで劇的に上がります。**

次にすべきは「②公式の証明」です。既に「数学はストーリーで学ぶことが重要」とお伝えしていますが、前節の「起源」を縦糸にしたストーリーを「大きなストーリー」とすると、ひとつひとつの定理や公式が成立するまでのプロセス、いわば「小さなストーリー」も重要です。

なぜ「３組の辺が等しいと合同」なのか、なぜ「0で割ってはいけない」のか、なぜ「(-1)×(-1)＝＋1」なのか。**本書では、学校の教科書では深入りしない公式や定理も丁寧に証明していきます。**一見、遠回りで面倒くさいアプローチに思えるかもしれませんが、「丸暗記」を卒業するカギはここにあります。

これから本書でご紹介する証明は、その理解によって数学全体の理解度が飛躍的に上がるものばかりです。「証明は苦手だったな……」という人でも大丈夫。疑いようのない当たり前の事実をひとつひとつ積み上げていく

**図 H-3** 数学の勉強に必要な3ステップ

知る！

① 定義の確認

素数とは、1と自分自身
以外では割り切れない
2以上の整数……

「なぜ？」が
わかる！

② 公式の証明

なぜ「3組の辺が等しいと合同」なの？
なぜ「0で割ってはいけない」の？
なぜ「(-1)×(-1)=+1」なの？

解ける！

③ 問題演習

問題演習は必要最低限でいい！

ことが証明なので、人生経験の中で（10代前半の当時よりも）知性や感性が磨かれているみなさんにとっては、むしろ意外なほど簡単に感じられるはずです。そういう意味でも**証明は、大人が数学を学び直すために持ってこいのアプローチ**なのです。

仕上げは、「③問題演習」です。①と②のステップがきちんと踏めていれば、どんな問題も必ず解けるようになります。逆にこの２ステップを飛ばして、**暗記や問題演習のみに走ってしまうと、解ける問題は非常に限定的**になってしまいます。本書で扱う単元に限らず、これから数学を勉強する際は、問題演習の前にこの2ステップを踏んだかを確認するようにしましょう。

ただし、大人の学び直しにおいて、**問題演習は最低限で良い**です。論理的にストーリーを組み立てる力（＝論理的思考力）を養うためには、本書で学ぶ数学の基本的な知識を確認する以上の問題演習は必要ないからです。本書の理解を試してみたい人はぜひ、市販の問題集にチャレンジしてみてください。きっとうまくいくと思います。

**数学の勉強は、自転車に乗れるようになることに似ています。**誰も最初は自転車に乗ることができないように、勉強のコツをひとりでに知っている人などいません。自転車は両親や友だちに支えてもらったり補助輪を使ったりしてバランスの取り方を覚え、初めて一人で乗れるようになります。数学の勉強のコツも、身につけるためにはそれを知る人の助けが必要なのです。

本書では、この3ステップに基づいてすべての単元を解説しています。読み終える頃には、「補助輪」がなくても、自分の力で「自転車」に乗れるようになっていることでしょう。

序章

# 算数のおさらい

# 数学のボトルネックを取り除こう

## 「丸暗記」の悪い癖は割り算から始まった!?

ホームルームでもお伝えした通り、数学が苦手になったり、数学の本質をつかみ損ねたりする原因の多くは「何でも覚えてしまおう」とする姿勢にあります。

では、いつからそんな悪い癖がついてしまったのでしょうか？　**その始まりを探っていくと、ほぼ100%割り算に行き着きます。**

四則演算のうち、足し算、引き算、掛け算の意味がわからないという人はほとんどいません。しかし、割り算になると途端に靄（もや）がかかったように視界が悪くなってしまうのです。

みなさんの中には、なぜ「距離÷時間＝速さ」なのか、なぜ「比べる量÷割合＝もとにする量」なのかはわからない（説明できない）けど、テストがあるからとにかく覚えてしまえ、という勉強法に逃げてしまった人はいませんか？　「はじき」や「くもわ」などの語呂合わせと図で無理矢理覚えた人もいるかもしれません。

この丸暗記が後々、数学の理解を阻み続けます。**数学には、割り算を基本とする概念がとても多い**からです。一度割り算の理解を諦めてしまうと、それからすべてを丸暗記する羽目になり、数学の勉強法がどんどん間違った方向に向かってしまいます。

**割り算のつまずきこそ数学のボトルネック**なのです。そこで本章では、中学の内容に入る前に割り算の基本を押さえつつ、中学数学との関連が強い**分数**と**割合**についておさらいします。

**図 0-0** 序章【算数のおさらい】の見取り図

## 割り算には2つの意味がある！

割り算

等分除

包含除

## 割り算から始まる「丸暗記」がボトルネック！

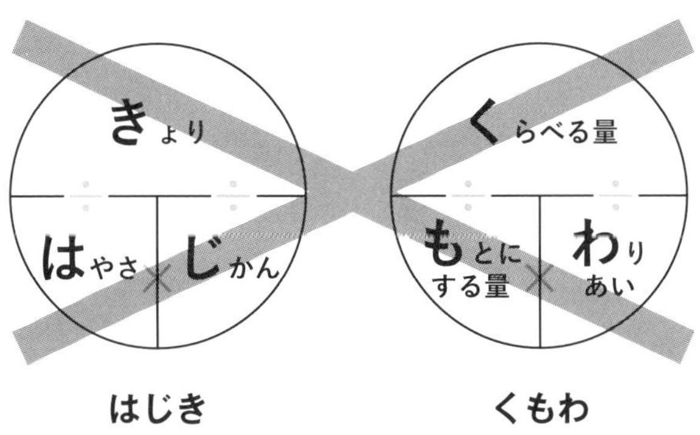


はじき

くもわ

# 2つの割り算（等分除と包含除）

## まずは掛け算の構造をおさえる

たとえば、「アメを1人につき3個ずつ配ると、2人分は何個？」という問題は、次のように掛け算で計算します。

図 0-1 掛け算の構造

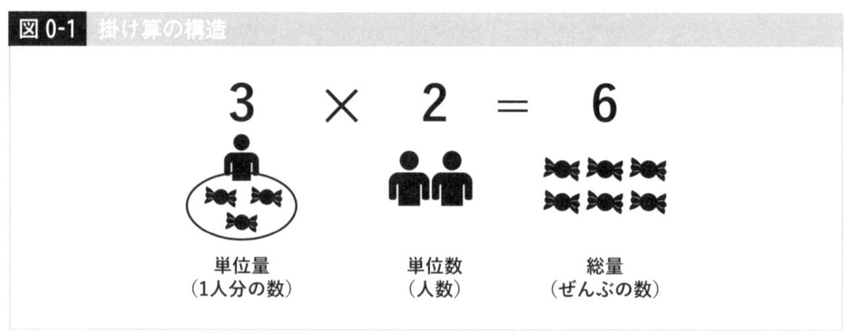


ここで、掛け算の構造をはっきりさせるために「**単位量**」、「**単位数**」、「**総量**」という用語を改めて定義しておきましょう。

単位量（Unit amount）……**1つ分（1人分）の数、1つあたりの量**

単位数（number of Units）……**いくつ分、個数（人数）**

総量（total amount）……**ぜんぶの数、合計**

これらの用語を使うと上の掛け算は次のような構造になっています。

単位量×単位数＝総量

**割り算は、掛け算の逆算です。**「単位量×単位数＝総量」から「単位量」を求める計算も、「単位数」を求める計算も、どちらも「割り算」と言います。つまり、**割り算には2つの意味がある**のです。この2つの意味の違いをはっきり認識することこそ、数式が語りかけるメッセージを理解し、丸暗記から脱却するための第一歩です！

## 割り算の意味①…等分除

**「単位量」を求める割り算**を等分除と言います。

問題で言うと、「全部で6個のアメを2人に配ると、1人何個？」という問題の答えを求める計算が、等分除です。

図 0-2 等しく分けるのが「等分除」

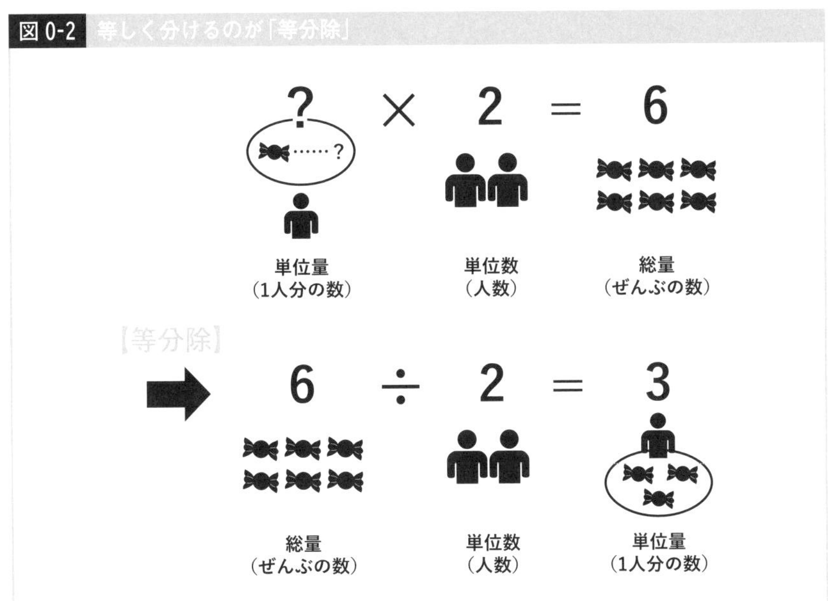


割り算、と聞くと等分除、すなわち**等しく分割する**というイメージを持つ人は多いのではないでしょうか。実際、「割り算」は英語の“division”の訳語であり、“division”の原義は「分割」です。

ちなみに、割り算の答えを**「商」**と言うのも分割が関係しています。もともと「商」は、中国の古代王朝「殷」の俗称でした。この商（殷）の人々が次の王朝の周に追われ、全国に散り散りになった際、生計を立てるために、自分の持ち物を人々に分け与えたのが「商」売の始まりです。やがて、ある塊から分割されたひとつひとつ、つまり割り算（等分除）の結果を「商」と呼ぶようになりました。

## 割り算の意味②…包含除

**「単位数」を求める割り算**を包含除と言います。

問題で言うと、「全部で6個のアメを1人につき3個ずつ配ると、何人分？」という問題の答えを求める計算が、包含除です。

図 0-3 いくつ分かを求めるのが「包含除」

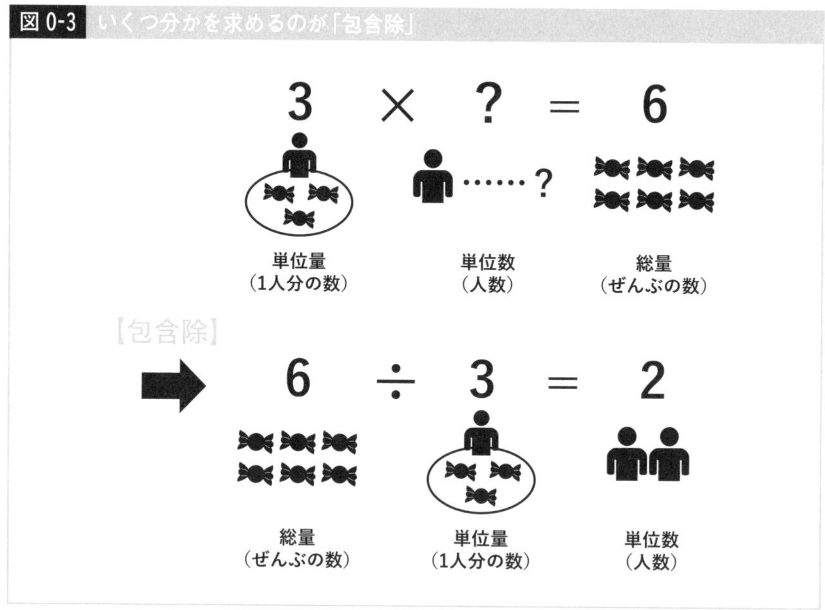


たとえば、54÷13 を筆算で計算しようとするとき、「54の中に13はいくつ入るかな……」と考えると思います。その感覚が包含除です。**割られる数（ここでは54）が、割る数（ここでは13）いくつ分になるかを考えるのが包含除**というわけです。

「54÷13の場合は、54から13を繰り返し取り除いていくと、何回取り除けるか？」と考えると以下のように4回取り除けて最後に2が残ります。

54 → 41（1回）→ 28（2回）→ 15（3回）→ 2（4回）

54÷13＝4…2（4余り2）

**包含除の割り算は、割る数を繰り返し取り除いていく感覚であることから、割り算のことを「除法」とも言います。**

**〈等分除の例〉**

- **代金÷個数＝単価**
- **合計÷個数＝平均**
- **質量÷体積＝密度**（密度：単位体積あたりの質量）
- **距離÷時間＝速さ**（速さ：単位時間あたりに進む距離）

**〈包含除の例〉**

- **代金÷単価＝個数**
- **距離÷速さ＝時間**
- **円周÷直径＝円周率**
（円周率：円周が直径の何倍かを表したもの）
- **食塩の重さ÷食塩水の重さ＝濃度**
（濃度：食塩水の重さを単位量［1］にしたとき、食塩の重さがその何倍になるかを表したもの）

# 分数の割り算は なぜひっくり返すのか？

## 分数の割り算の理解①（小学生向けの説明）

次のような例題で考えてみます。

**《例題》あきら君が乗っている自動車は$\frac{2}{3}$分で$\frac{4}{5}$km進みます。この自動車が一定の速さで走っているとすると、1分では何km進みますか？**

たとえば、「3分で6km進みました。1分では何km進みますか？」という問題なら「6÷3＝2」と計算して、1分で進む距離（分速）は2kmと答えが出せるでしょう。同じように考えれば、上の例題は次のように計算すれば答えが出せます。

$$\frac{4}{5} \div \frac{2}{3}$$

いよいよ分数の割り算が登場します。大人ならたいてい $\frac{4}{5} \times \frac{3}{2}$ と割る数をひっくり返して掛ければいいことを知っているでしょう。でも子どもに「どうしてひっくり返すの？」と聞かれて答えられる大人は少数派のはずです。分数の割り算は、丸暗記を卒業し、プロセスを見る目を養うための格好の題材なので、この機会にじっくり考えてみましょう。

ここでの目標は**1分で進む距離を出すこと**です。そのために、$\frac{2}{3}$**分**で進む距離を一度半分にして、$\frac{1}{3}$**分**で進む距離を出してからそれを**3倍**することを考えます。

**図 0-4　1分で進む距離を出す計算**

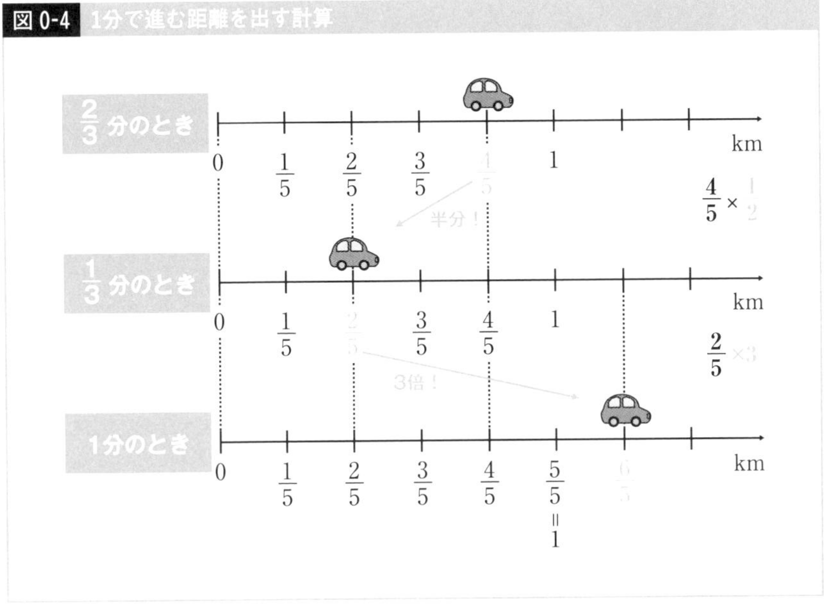


1分で進む距離（分速）を出すための「$\frac{4}{5} \div \frac{2}{3}$」という計算は、次の掛け算に直せることがわかります。

$$\frac{4}{5} \div \frac{2}{3} = \frac{4}{5} \times \frac{1}{2} \times 3 = \frac{4}{5} \times \frac{3}{2}$$

一般化すると、もし、$\frac{●}{□}$分で進む距離から「1分で進む距離」を出したいのなら、以下の式で求められます。

$$1\text{分で進む距離} = \frac{●}{□}\text{分で進む距離} \div \frac{●}{□}\text{分}$$

また、$\frac{●}{□}$分で進む距離を$\frac{1}{●}$倍して$\frac{1}{□}$分で進む距離を出し、それを□倍することでも「1分で進む距離」は出せます。

$$1\text{分で進む距離} = \frac{●}{□}\text{分で進む距離} \times \frac{1}{●} \times □$$

つまり「$\div\dfrac{●}{□}$」は「$\times\dfrac{1}{●}\times□=\times\dfrac{□}{●}$」と同じです。

結局、分数の割り算は次のようにまとめられます。

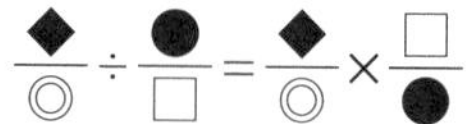

## 「÷」の記号について

「÷」は主に英語圏や日本語圏で使われている記号で、分数表記を下記のように抽象化したものが起源と言われています。

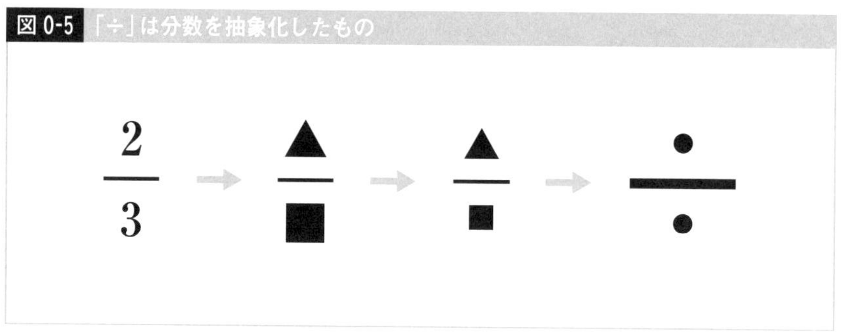

図 0-5 「÷」は分数を抽象化したもの

「÷」は17世紀の中頃にスイスで考案され、その後**アイザック・ニュートン**などが好んで使ったことからイギリスを中心に広まりました。ただし、「÷」が一般的に使われている国はそう多くありません。

2009年に国際標準化機構（ISO）が発行した数学の記号に関する国際規格「ISO8000-2」では、割り算は「/（スラッシュ）」か分数によって表すと定めた上で、**「割り算を表す記号として÷は使うべきではない」**とはっきり書かれています。もしかしたら世界中の教科書から「÷」が消える日はそう遠くないかもしれません。

## 〈発展〉分数の割り算の理解②（大人向けの説明）

そもそも分数は1を$n$等分したものを$\frac{1}{n}$と表すことから始まったので、等分除で考えれば、「$1 \div n=\frac{1}{n}$」です。これを使うと割り算は次のように分数で表せます。

$$A \div B=A \times 1 \div B=A \times \frac{1}{B}=\frac{A}{B} \quad \Rightarrow \quad A \div B=\frac{A}{B}$$

$A$の後に**「×1」**が隠れていると捉えることで、$1 \div B=\frac{1}{B}$が登場することに注意してください。

分数÷分数にも上の計算を応用すると次の通りです。

$$\frac{a}{b} \div \frac{m}{n}=\frac{\frac{a}{b}}{\frac{m}{n}}$$

このような$\frac{\text{分数}}{\text{分数}}$を**繁分数**と言います。ただし、繁分数のままだとわかりづらいので、このまま答えにするのは不親切です。そこで繁分数の**分母が1になるように変形**します。

$$\frac{a}{b} \div \frac{m}{n}=\frac{\frac{a}{b}}{\frac{m}{n}}=\frac{\frac{a}{b} \times \frac{n}{m}}{\frac{m}{n} \times \frac{n}{m}}=\frac{\frac{a}{b} \times \frac{n}{m}}{1}=\frac{a}{b} \times \frac{n}{m}$$

発展的ですが、分数の割り算はこのように考えることもできます。

# 分数計算のトライアングル

## 分数計算の極意

「$\frac{距離}{時間}$＝速さ」や「$\frac{比べる量}{もとにする量}$＝割合」のように分数の形（割り算）で定義される量はとても多いです。また方程式や関数の式などにおいても分数が登場するシーンは少なくありません。そこで、分数の計算が飛躍的にラクになるとっておきのコツをお伝えします。

まずは「$\frac{A}{B}=C$」からスタートして以下のように変形していきます（以下、$B$や$C$は0ではないとします）。

$$\boxed{\frac{A}{B}=C} \Leftrightarrow \frac{A}{B}\times B=C\times B \quad (両辺にBを掛ける)$$

$$\Leftrightarrow \boxed{A=B\times C}$$

$$\Leftrightarrow A\times\frac{1}{C}=B\times C\times\frac{1}{C} \quad (両辺に\frac{1}{C}を掛ける)$$

$$\Leftrightarrow \boxed{\frac{A}{C}=B}$$

□で囲った3つの式が重要です。

少し難しい言い方をさせてもらうと、「$p$ならば$q$」と「$q$ならば$p$」が同時に成り立つとき、**$p$と$q$は同値**であると言います（63頁参照）。上の「⇔」は同値であることを示す記号です。

**同値であるということは、数学的に同じ意味を持つということなので、□で囲った3つの式はどれでも好きなものが使えます。**そこでこんな図を作ってみました。

**図 0-6 分数計算のトライアングル**

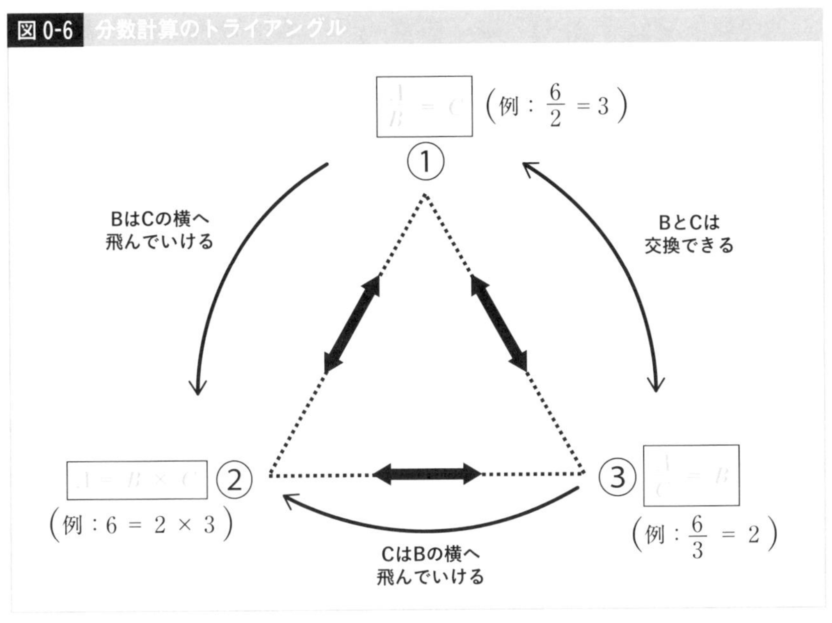


私は勝手にこれを「分数計算のトライアングル」と呼んでいます。

**大切なのは、必要に応じて3つの式を自由に行き来できること**です。毎回真面目に式変形するのではなく、視覚的に捉えてサッと変形できるようになりましょう。もちろん、左の頁の式変形がいつでも再現できることは大前提ですが、それができるようになったら、①→②のときには分母のBが「＝」をまたいでCの横に飛んでいったり、①⇄③ではBとCが交換できたりするイメージを持ってください。

**分数計算や速さや割合の計算は、この「分数計算のトライアングル」が頭に入っていれば簡単です。**ぜひこの機会に身につけてしまいましょう。

# 割合は「主語」「修飾語」「述語」で考えよう！

## 「割合」の定義式と読み替え

まずは教科書的な定義から確認します。

**比べられる量÷もとにする量＝割合**

例として、**「定価250円の商品の原価は100円です。原価の定価に対する割合を求めなさい」**という問題を考えます。

割合を苦手にしている人が多いのは、割合の定義がわかりづらいからです。「比べられる量」とか「もとにする量」という日本語が今ひとつ熟れていないのかもしれません。そこで本書では大胆に**「比べられる量」→「～は（主語）」、「もとにする量」→「～の（修飾語）」、「割合」→「どれくらい（述語）」**、と読み替えてしまいます。そうすると割合の定義式は以下となります。

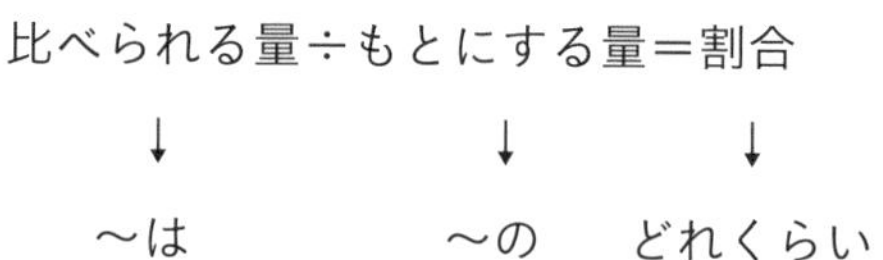


**「割合」というのは「どれくらい」のことなんだ、という理解は特に重要です。**このようにすると先ほどの問題は、**「100円（原価）は250円（定価）のどれくらい？」**と解釈することができて、このまま式にすれば以下の答えが出ます。

$$100(\text{円}) \div 250(\text{円}) = \frac{100}{250} = \frac{2}{5} = 0.4 = 40\% = 4\text{割}$$

なお、割合の表し方は分数でも、小数でも、百分率（〜%）でも、歩合（〜割〜分）でも構いません。

## 割合は比べるための最強ツール

たとえば、あなたが2つの店舗を経営しているとしましょう。それぞれの1ヶ月あたりの売上と利益は次のようになっています。

1号店：売上2400万円　利益480万円

2号店：売上3500万円　利益525万円

単純に比べると、2号店の方が利益は多いのですが、だからと言って1号店へのテコ入れを考えるのは早計です。1号店と2号店は売上が違うので、単純に利益を比べてもあまり意味はありません。1号店と2号店を正しく比較するには、**利益の売上に対する割合を考える必要があります。**すなわち**「利益は売上のどれくらいか」**を調べてみましょう。

$$1\text{号店}：480(\text{万円}) \div 2400(\text{万円}) = \frac{480}{2400} = \frac{1}{5} = 20\%$$

$$2\text{号店}：525(\text{万円}) \div 3500(\text{万円}) = \frac{525}{3500} = \frac{3}{20} = 15\%$$

このようにすると、利益の割合は、1号店は20%、2号店は15%であることがわかります。テコ入れすべきは2号店の方だったのですね。

**割合というのは、全体（もとにする量）を「1」にそろえて、注目する数字を正しく比較するためのもの**だと言うこともできます。だからこそ割合を比べることには意味があるのです。

**図 0-7 全体(もとにする量)を1にして比べるのが割合**

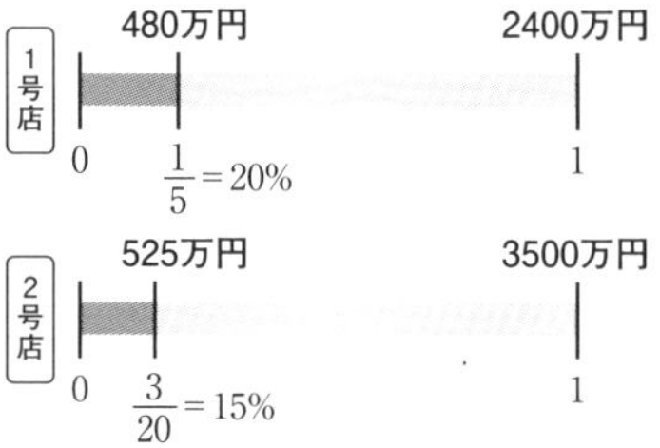

## 割合は包含除

ところで、割合を求める割り算は等分除でしょうか？　それとも包含除でしょうか？

先ほどの1号店の売上に対する利益の割合は「480（万円）÷2400（万円)」と計算しました。もちろんこれは480を2400等分しているわけではありません。**480万円は2400万円のいくつ分なのかを計算**しています。したがって、**割合を求める割り算は、「比べられる量」を総量、「もとにする量」を単位量、「割合」を単位数とする包含除です。**

「単位数＝いくつ分」と言いながら、割合は1より小さくなってしまうケースが多いところも割合の計算が理解しづらい一因でしょう。

「2400×2＝4800」だから、4800は2400の「2個分」だというのはわかりやすいですが、480は2400の「0.2個分」だと言ってしまうのは釈然としない（直感的ではない）という気持ちはよくわかります。

でも、こうした**小数倍、小数個分への理解が、後々、割合の概念を自由に使いこなす下地になります。**

# 第1章

# 図形

# 図形──都市国家の成立──

## 数学の歴史は図形から始まった

第1章のテーマは図形です。社会人になると、図形の面積や角度を求める機会は滅多にありません。ではなぜ私たちは、図形についてわざわざ学ぶ必要があるのでしょうか？　その理由は数学の始まりを紐解くとよくわかります。

農業や牧畜を開始し、一か所に定住するようになった人類は、各地で都市国家をつくり始めます。**中でも紀元前6世紀頃の古代ギリシャでは、話し合いを通じて政治を行う民主主義が発展しました。**公の場での議論や言説、その合理性を重んじる人類の文化は、ここから始まったのです。

方程式や関数はおろか、十進法による計算すらままならなかった当時、高度な議論のかっこうの題材となったのが、目の前にある「図形」でした。**物事を正しく理解し、筋道立てて考える人類初めての手法**は幾何学を通して確立されたと言えます。

私たちが図形を学ぶのは、**数学史的な伝統にのっとって、社会生活に必要な論理的思考力や説明能力を身につけるため**なのです。

本章では最初に証明のイロハをお話しします。その後、基本的な図形の作図の方法を紹介します。

本格的な証明は、図形の合同、相似を通して学びます。さらに、多くの定理が成り立つ平行線や円のトピックに触れた後、中学数学の一つの到達点である三平方の定理へと話を進めていきます。立体図形については、正多面体や切断面などについてお話しします。

**図 1-0 第1章【図形】の見取り図**

| | | |
|---|---|---|
| 証明 | 作図 | 線分の垂直二等分線 |
| | | 角の二等分線 |
| | | 作図の応用 |
| | 平行線 | 平行な２直線と同位角・錯角 |
| | 図形の合同 | 三角形の合同条件 |
| | 図形の相似 | 三角形の相似条件 |
| | | 相似の利用 |
| | 円 | 円周角の定理 |
| | | 円周角の定理の逆 |
| | 三平方の定理 | 三平方の定理の証明 |
| | | 有名な直角三角形 |
| | 立体 | 正多面体 |
| | | 立方体の切断面 |
| | | 立体の体積 |

# 「数学者」＝「哲学者」だった時代

## 「証明」を始めたタレス

数学の歴史の始まりをはっきりと決めることは容易ではありません。何かを数えだしたときから、あるいは三角形や円などの図形を地面に描きだしたときから数学が始まったのだとすれば、その始まりは岩から染み出る湧き水のようにかすかなものです。しかしながら、いくつかの湧き水が集まるといつかは川になるように、数学も小さな始まりが集まって川となり、やがて大河となったのでしょう。

ただし、人類最初の数学者ならわかります。古代ギリシャの**タレス**（前624頃-前546頃）という人です。

タレスは人類で初めて「二等辺三角形の2つの底角は等しい」「対頂角は等しい」などの図形の性質を証明しました。これらの事実はタレスが生まれるずっと前から知られていましたが、事実を発見しただけの人は「数学者」ではありません。なぜそうなるかを説明できないのなら、その知識を数学と呼ぶことはできないからです。**「証明を積み上げる」数学＝論証数学の歴史**はタレスによって始まりました。

## 「数学」という言葉をつくったピタゴラス

タレスが始めた**論証数学**を大きく発展させたのは、タレスより50年ほど後に生まれた**ピタゴラス**（前570頃-前496頃）でした。実は**「数学」（mathematics）という言葉をつくったのもピタゴラス**です。ピタゴラスは「学ぶ」を意味する「マンタノー」から派生して、「学ぶべきもの」という意味の「マテーマタ」という用語をつくり、その内容を定めました。この「マテーマタ」が“mathematics”の語源です。

ピタゴラスは「マテーマタ（学ぶべきもの）」を、**数に関するもの**と**量に関するもの**に大別し、さらにそれぞれを「静」と「動」に分けました。

**数（number）とは、1つ、2つ……と数えられるものを抽象化した概念**であり、**量（quantity）とは、長さや面積や時間のように測定の対象になるもの**のことを言います。簡単に言えば、「3」は数ですが、「3m」のように単位が付けばそれは量と言えるでしょう。

ピタゴラスは「数学」を数論、幾何学、天文学、音楽の4つの分野で構成しました。

数学の4つの分野の中に音楽が入っていることに違和感を覚えるかもしれませんが、実は「ドレミファソラシド」を発明したのもピタゴラスです。美しく響き合う音の中に驚くべき数学的な法則を見出したピタゴラスは音楽の研究に並々ならぬ意欲を注ぎました。古代における音楽は娯楽というよりはむしろ、世界の秩序や調和の象徴だったのです。

図1-1 ピタゴラスの「数学」4分野

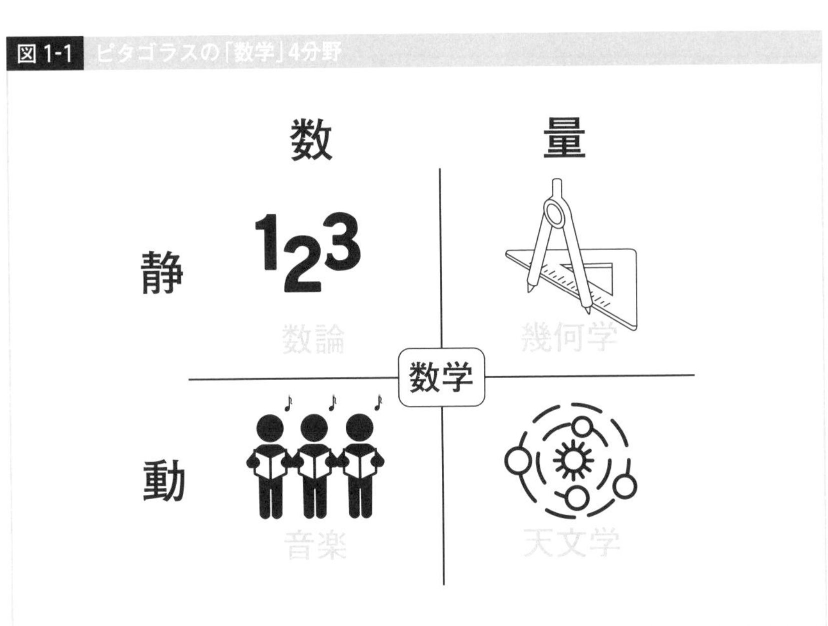

# 証明は仮定と結論をつなぐもの

## 命題とは

突然ですが、次の3つの文は正しいでしょうか？

**（A）　4の倍数ならば偶数である。**
**（B）　3の倍数ならば偶数である。**
**（C）　1000は大きい数である。**

まず（A）について。「4の倍数」を実際に書きだしてみると「4、8、12、16、20、24、……」となります。少なくともこれらはすべて偶数（2で割り切れる数）です。（A）は正しそうです。では（B）についてはどうでしょうか？　同じように「3の倍数」を書きだしてみると「3、6、9、12、15、18、……」となりますが、今度は偶数と奇数（2で割り切れない数）が混じっています。部分的に正しい、のように言うのでしょうか？（C）は判断が難しいところです。「答えようがない」という意見が多いでしょう。

数学では、**客観的に真偽（正しいか正しくないか）が判定できる事柄**を命題と言います。（A）や（B）は命題です。一方（C）が「大きい」かどうかは感じ方次第のところがあり、客観的に真偽を判定できないので、命題とは言えません。

ちなみに「命題」という用語は、英語の“proposition”の邦訳として生まれました。「命」は「いのち」の意味ではなく「命令」の「命」と同じ「あたえる」という意味です。**「ほら、これが正しいかどうかを言ってごらん」と差し出されたものが「命題」**だというわけです。

**ある命題が真であることを確かめるには証明が必要**なので、正しいと思われる（A）も、証明をしない限り真であるとは言えません。一方、**ある命題が偽であることを言うためには1つでも反例（正しくない例）を挙げれば十分**です。（B）は「3、9、15」などの反例があるので偽であることが確定です。

## 証明とは

命題の多くは**「PならばQ」**の形をしています。このときPを仮定、Qを結論と言い、**正しい命題の、仮定から結論に至る根拠を示したもの**を証明と言います。

ただし、すべての命題が「PならばQ」の形をしているとは限りません。「正三角形は二等辺三角形である」のような命題もあります。その場合には「ある三角形が正三角形ならばその三角形は二等辺三角形である」のように「ならば」の入った文章に書き換えて、仮定と結論をはっきりさせましょう。なお、「ならば」の代わりに「⇒」を使うことも多いです。

**証明の根拠に使えるのは、仮定、定理、定義など**です。当たり前ですが、**結論を根拠に使うことはできない**ので気をつけてください。

「証明がうまく書けない」と言う人は、読む人に教えてあげるつもりで書いてみましょう。読む人を思いやって、親切に書くことができれば、論理の飛躍がない良い証明になります。

図 1-2 証明に必要な要素

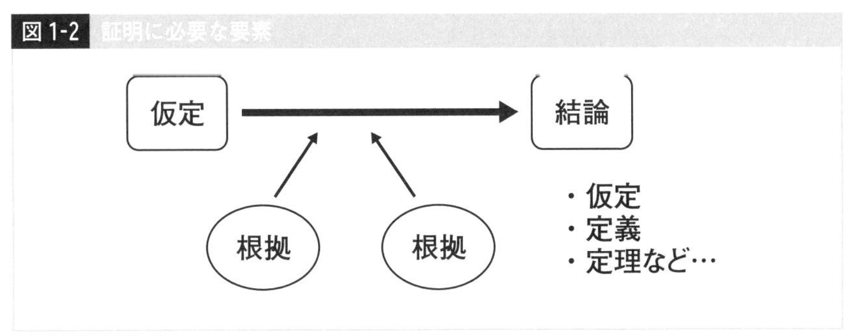

# 世紀のベストセラー『原論』

## 最も成功した教科書

ユークリッドの『原論』という本をご存じでしょうか？

『原論』は紀元前3世紀頃に編纂された最古の「数学の教科書」であると同時に、20世紀の初頭まで教科書として世界中で使われ続けた驚異の大ベストセラーです。聖書を除けば『原論』ほど世界に広く流布し、多く出版された本はありません。数学のみならず、**これまでに書かれたすべての教科書の中で最も成功し、最も影響を与えたもの**、それが『原論』です。余談ですが、15世紀にグーテンベルクによって活版印刷が発明された後、最初に出版された数学書もこの『原論』でした。

## 証明のスタイルを確立した

前節でご紹介した証明のスタイルを確立したのは『原論』です。今日の数学書のスタイルを決定づけただけでなく、すべての分野に通じる論理的思考（ロジカルシンキング）の方法を示しました。

論理的に物事を考えていこうとしたら、これから何も引くことはできませんし、またこれ以上何かを付け加える必要もありません。**ブロックを積み上げるようにひとつずつ命題（客観的事実）を証明していくプロセスなくして、論理的な結論は得られないからです。**質においても量においてもこの論理的思考の手本が『原論』ほど丁寧に示されている類書は他にありません。論理的思考力を磨くためには『原論』こそが最良の書籍であるということです。

## 欧米のエリート必携の数学書

古代ギリシャ文化の伝統を受け継ぐ欧米では、論理的思考が古くから貴ばれてきました。**西洋では、センスやヒラメキよりも、まわりの人間を説得し、他人の主張を理解する力、すなわち論理力こそがリーダーに必要な資質と考えられています。**論理力を磨くための理想的な教科書である『原論』が、欧米のエリートに必須の教養であり続けた所以です。

## 『原論』に魅了された世界の偉人たち

『原論』に影響を受けた歴史的偉人たちの例を挙げれば切りがありませんが、その中の何名かをご紹介しましょう。

アイザック・ニュートンは、万有引力をはじめとした物理法則をまとめた**『プリンキピア』**という本を、『原論』そっくりのスタイルで書き上げました。本当は彼自身の革命的な発見であった**極限**（無限大や無限小）の概念を使って記述した方が本質的だったのに、批判を恐れたニュートンが、万全を期したためでした。

第16代アメリカ合衆国大統領のエイブラハム・リンカーンは、弁護士としての修業時代、いつも『原論』を持ち歩き、暇さえあればこれを読んで立証の方法を学んだそうです。

アルベルト・アインシュタインは少年時代にもらったプレゼントの中で大きな影響を受けたものとして『原論』と磁気コンパスを挙げ、寝るときはいつも枕元に『原論』を置いていました。

哲学者のバートランド・ラッセルは、11歳のとき、兄から『原論』を紹介してもらったことを、「私の人生の大きなイベントの一つで、初恋ほどまばゆい」と書いています。

人類の歴史を動かした名立たる面々が、揃って『原論』の虜だったとは驚きです。それだけこの論理的思考力が私たちの文明や文化の躍進を支えてきたのでしょう。

# 「見せる」ことが一番の証明

## 作図の意義

古代ギリシャにおいて、作図は重要な意味を持っていました。現代のような数式がまだ存在しなかった当時、何かを示すためには、実際に描いて見せるのが一番早かったからです。

古代ギリシャ語で「証明」を意味する「δεἰκνυμι（デイクニーミ）」は「見せる」という意味を持ちます。日本の「百聞は一見にしかず」の諺にもある通り、**見せることには有無を言わさぬ説得力がある**というわけです。実際、『原論』にも図による証明はたくさんあります。

**作図には一定のルールがあり、特定の目的を達成するための手順が必要です。**作図に取り組めば、**情報を整理する力**、いくつかの工程に**分解する力**、そして自分が描いた線を**観察する力**などが自ずと磨かれます。さらには、作図という**具体化**によって、円、直線、角度、平行線、垂線などの性質を直感的に理解する助けにもなるでしょう。

情報を整理する力は、たとえば統計でデータを表やグラフにまとめる力や、わかりづらい概念を図解する力などに通じます。

分解する力は、複雑な事象の要素を洗い出したり、場合の数や確率を求める際に場合分けしたりする力に繋がります。

観察する力は全体を俯瞰する力、具体化はイメージを膨らませて、思考実験する力です。

**これらの力が、社会に出てから嫌というほど求められることは言うまでもありません。**

## 円は線対称

次節で学ぶ「線分の垂直二等分線の作図」や「角の二等分線の作図」では円の対称性を利用しますので、対称についておさらいさせてください。

1本の直線を折り目にして2つ折りにしたとき、ぴったり重なる図形を線対称の図形と言い、折り目になる直線を対称の軸と言います。

**交わる2つの円は、両方の円の中心を通る直線について線対称**であり、**それぞれの半径が等しければ、交点を通る直線についても線対称**です。

## 直線・線分・半直線

作図に登場する用語の定義を確認しておきましょう。

直線……**両方向に限りなくのびたまっすぐな線**

線分……**直線上の2点で区切られた直線の一部分**

半直線……**直線上の1点から片方に限りなくのびた部分**

図 1-3 作図の用語

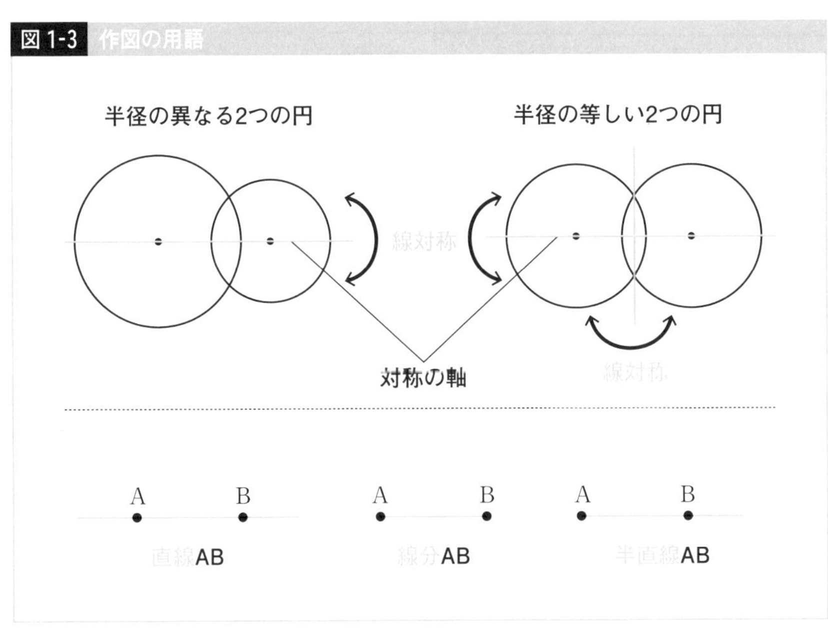

# どの教科書にも登場する2つの作図

## 線分の垂直二等分線の作図

線分AB上の点で、2点A、Bから等しい距離にある点を線分ABの中点と言い、線分ABの中点を通り、線分ABに垂直な直線を、線分ABの垂直二等分線と言います。作図の手順は以下の通りです（[図1-4] 上参照）。

**① 点Aを中心とする適当な半径の円を描く**

**② 点Bを中心として①と同じ半径の円を描く**

**③ ①と②の交点をC、Dとして、直線CDを引く**

半径が等しい2つの円が交わるとき、2つの円は2つの交点を通る直線について線対称になります。[図1-4] の上では直線CDが「対称の軸」になるので、直線CDは線分ABの垂直二等分線になるわけです。

## 角の二等分線の作図

1つの角を2等分する半直線をその角の二等分線と言います。作図の手順は以下の通りです（[図1-4] 下参照）。

**① 点Oを中心とする適当な半径の円を描く**

**② ①の円と半直線OA、OBとの交点をそれぞれC、Dとして、2点C、Dをそれぞれ中心として、同じ半径の円を描く**

**③ ②で描いた2つの円の交点をEとし、半直線OEを引く**

交わる2つの円は、両方の円の中心を通る直線について線対称です。Eは、CとDを通る円の中心になりますので、2つの円の「対称の軸」になる半直線OEは、∠AOBの二等分線であると言えます。

## 図 1-4 線分の垂直二等分線と角の二等分線の作図

### 線分の垂直二等分線

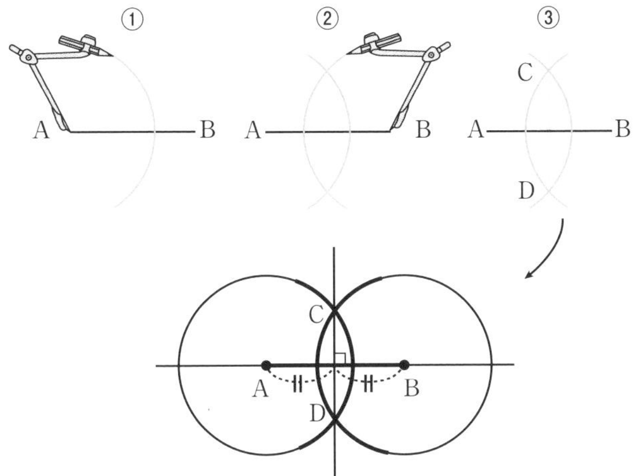


### 角の二等分線

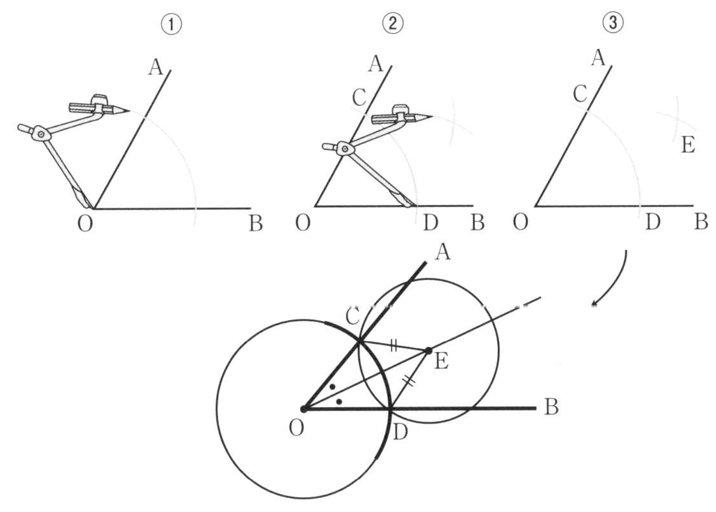

# できる作図、できない作図

## 3点A、B、Cを通る円

**3点A、B、Cが与えられたとき、この3点を通る円を作図するにはどうしたらよいでしょうか？**

これには、先ほどの「線分の垂直二等分線」の性質を使います。前節の「線分の垂直二等分線の作図」を色々な半径の円で描いてみればわかるように、線分の垂直二等分線は、線分の両端の2点からの距離が等しい点をつなげた線です（[図1-5] 左参照）。

**3点A、B、Cを通る円の中心は、AとBから等距離にあるので、線分ABの垂直二等分線上にあります。** またこの円の中心はBとCからも等距離にあるので、**線分BCの垂直二等分線上にもあります。**

つまり、**①線分ABの垂直二等分線と②線分BCの垂直二等分線をそれぞれ作図して交点（Oとします）を求め、③OAを半径とする円を描けば、3点A、B、Cを通る円の完成です**（[図1-5] 右参照）。

**図1-5** 3点を通る円の作図

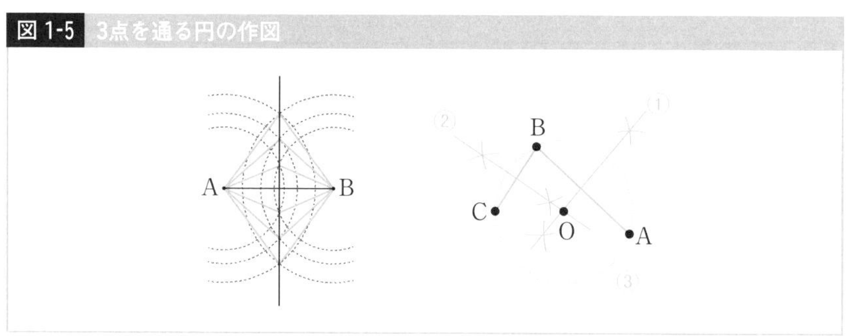

## ギリシャの3大作図問題

数学史上、証明に最も長い時間を要した命題は何でしょうか？

それは以下の「ギリシャの3大作図問題」です。

① 円積問題……**与えられた円と等しい面積の正方形を作る**

② 立方体倍積問題……**与えられた立方体の2倍の体積の立方体を作る**

③ 角の3等分問題……**与えられた角を3等分する**

古代ギリシャの時代から、たくさんの数学者や数学愛好家たちがこの問題に挑戦してきました。しかしこれらはすべて、目盛りのない定規とコンパスでは描くことができません。

②と③が不可能であることは、古代ギリシャの時代から2200年以上後の1837年に、フランスの数学者ピエール・ヴァンツェルが証明しました。また①が不可能であることは、ドイツのフェルディナント・フォン・リンデマン（1852-1939）が1882年にようやく証明しました。

図 1-6 ギリシャの3大作図問題

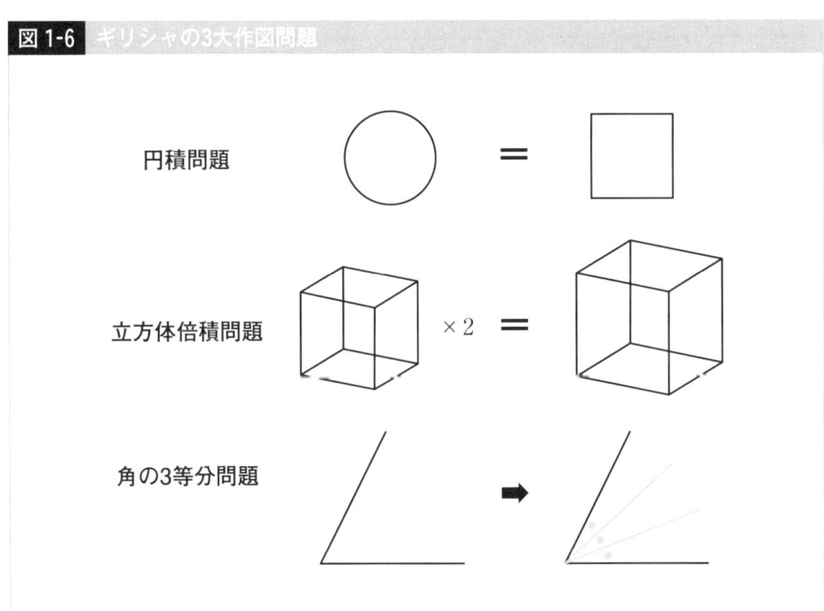

# ユークリッドの第5公準と背理法

## 物議を醸したユークリッドの「第5公準」

数学の証明のスタイルを確立したユークリッドの『原論』をひらくと、前書きはなく、いきなり本文が始まります。

最初にあるのは定義です。「線の端は点である」「平行線とは、同一の平面上にあって、両方向に限りなく延長しても、いずれの方向においても互いに交わらない直線である」など、全部で23個あります。

定義の次には公準がきます。公準はあまり聞き慣れない言葉ですが、**「議論を進める前に、これだけは認めることにしましょう」という約束**のことです。

現代では、論証を省いて自明の真理として承認することを公理と言いますので、公準と公理はほぼ同じ意味ですが、**『原論』では図形に関する公理を特に公準と呼びました。**

ユークリッドの公準は全部で5つあり、最初の4つは「すべての直角は互いに等しいこと」のように疑問を差し挟む余地のないものです。

しかし、最後の第5公準は**「1直線が2直線に交わり、同じ側の内角の和を2直角より小さくするならば、この2直線は限りなく延長されると2直角より小さい角のある側において交わること」**となっており、ぱっと見には公準にするほど自明の真理であるとは思えません。そのため、わざわざ公準にしなくても、別のことを使って証明できるのではないかと考えた人がたくさんいました。ところが、**19世紀になると、第5公準は決して証明できないことが明らかになります。**ユークリッドの幾何学（平面の幾何学）というのは、**第5公準を問答無用で受け容れる幾何学**だと言っても良いでしょう。第5公準の内容は難しいので図解しておきます。

**図1-7 ユークリッドの「第5公準」**

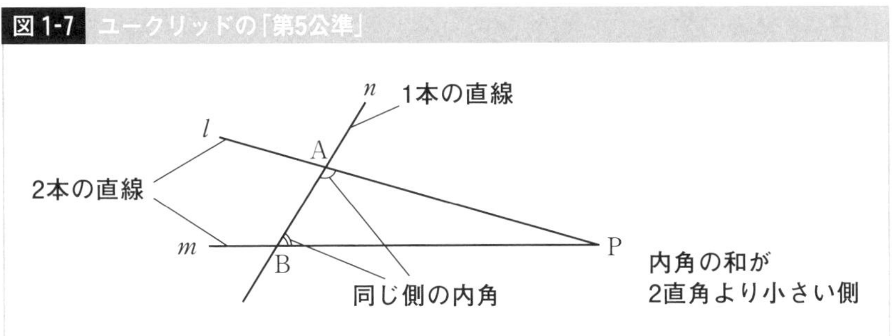


第5公準が意味するところは、[図1-7] で直線$n$が直線$l$および直線$m$と交わったとき、∠PAB＋∠PBA＜180° であれば、$l$と$m$は、内角の和が「2直角（180°）より小さい側」すなわち図の右側で必ず交わるということです。この第5公準は、次節のテーマである「平行な2直線と同位角・錯角」の関係を示す際に利用します。

## 背理法とは？

「平行な2直線と同位角・錯角」の内容に入る前に、この後登場する背理法という証明法についてお話しさせてください。

背理法とは**「証明したい事柄の否定を仮定し（そういうものとして話を進め）、矛盾を導くことで証明とする方法」**のことを言います。平たく言えば**「もし○○じゃないとすると、おかしなことになるよね？　だから○○は正しいよ」というロジックの証明法**です。

刑事ドラマなどでお馴染みの「アリバイがあるから容疑者は無罪」の論理も「もし容疑者が有罪なら、犯行時刻に犯行場所以外にいたというのは矛盾する。だから容疑者は無罪」という背理法です。

# 意外と難しい平行な2直線と同位角・錯角の関係

## 平行な2直線と同位角・錯角

本格的な証明に入るための下準備として、平行な2直線にもう1本別の直線が交わるときにできる同位角や錯角についてまとめていきます。みなさんの中には、**「同位角や錯角が等しいときは平行なんだよね」**とか**「平行だったら同位角や錯角は等しいよね」**とご存じの人もいるかもしれません。

しかし、その理由を説明（証明）できる人は少ないのではないでしょうか？　実は、平行な2直線と同位角・錯角についての上記の関係を**きちんと証明するのはかなり難しい**のです。

ユークリッドの『原論』では、ある事実を証明するために必要な命題が用意周到に準備されています。その『原論』に、平行線と同位角・錯角の関係が登場するのは命題27以降です。それだけたくさんの事実を積み上げないと証明できないということです。

ホームルームでもお伝えしましたが、定義を確認した上で、定理や公式に至るプロセスを理解し、**証明を自分で書けるようになることは、数学が得意になるための最短ルート**です。

そこでここからは、その理解によって数学のセンスと論理的思考力が特に鍛えられる重要証明を一挙に紹介します（難しいと思ったら、読み飛ばしていただいても構いません）。

**証明のブロックをひとつひとつ丁寧に積み上げていく感覚をつかむことで、「数学が得意な人に見えている世界」があなたにも見えるはずです。**

## 対頂角・同位角・錯角の定義

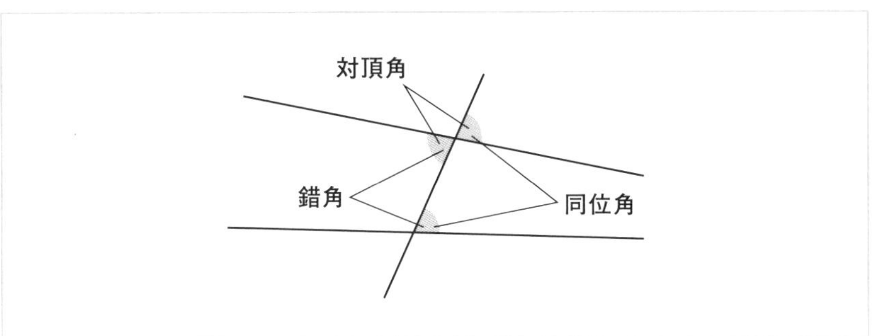


対頂角……**2本の直線が交わってできる4つの角のうち、向き合う角**

同位角……**2本の直線に別の直線が交わってできる角のうち、2本の直線の同じ側に位置する角**

錯角……**2本の直線に別の直線が交わってできる2直線の内側の4つの角のうち、はす向かいの関係になっている角**

## 「対頂角は等しい」の証明

「対頂角は等しい」の命題の証明では、以下の事実を使います。

$$A=B,\ A=C \Rightarrow B=C$$

$$A=B \Rightarrow A+C=B+C$$

$$A+C=B+C \Rightarrow A=B$$

『原論』でもこれらは最初に「**公準＝事前に承認すること**」として掲げられています。例として次頁に**「対頂角は等しい」**の証明を示します。ひとつひとつは当たり前のことが書いてあるだけに思えるかもしれませんが、ぜひゆっくりと眺めてみてください。

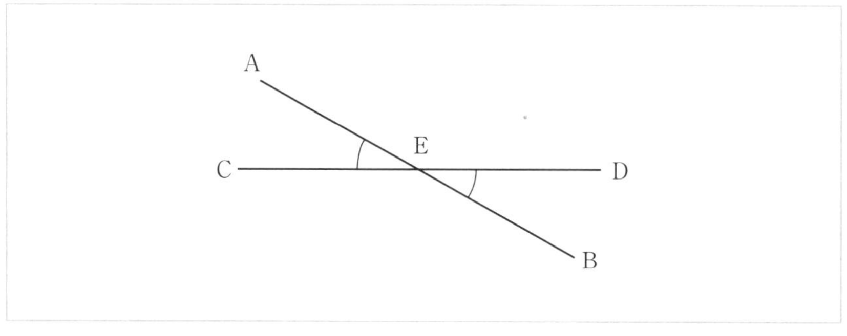


**《証明》**

∠AEC＋∠AED＝180°　…①

∠DEB＋∠AED＝180°　…②

①、②より

∠AEC＋∠AED＝∠DEB＋∠AED

⇒　∠AEC＝∠DEB

よって、対頂角は等しい。

**（証明終わり）**

## 「三角形の外角は内対角より大きい」の証明

次に**「三角形の外角は内対角より大きい」**を証明します。

三角形の場合の外角とその内対角の関係は、次頁の図（1）にある通りです。図から一目瞭然の事実だと思われるかもしれませんが、きちんと証明するには右頁の証明のようにロジックを構築する必要があります。

なお「外角は２つの内対角の和に等しい」という有名な事実をここで使うことはできません。この事実の証明には三角形の内角の和が180°であることを使うのですが、私たちは三角形の内角の和についてはまだ何も証明していないからです。

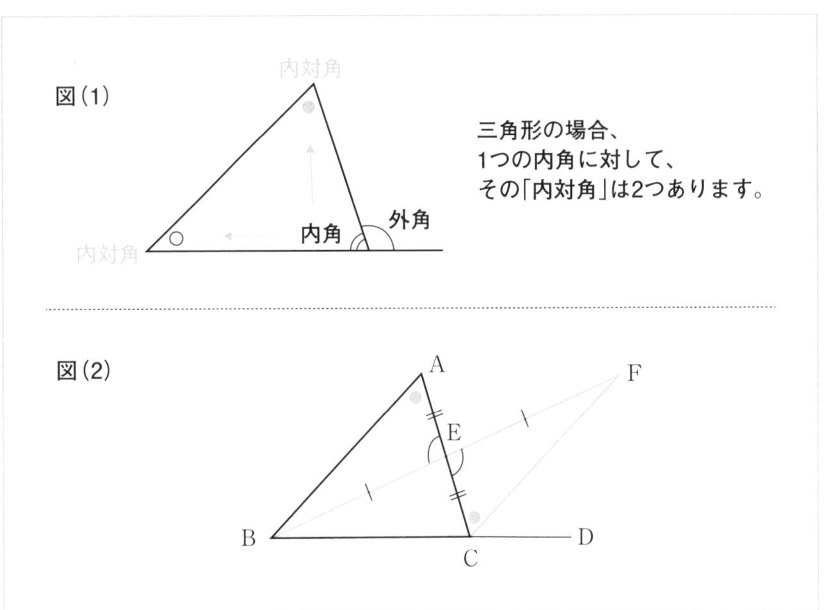


**《証明》**

図（2）の△ABCのACの中点をE、BEを延長してEB＝EFとなる点をFとする。

△EABと△ECFにおいて、

・EA＝EC　・BE＝EF　・∠AEB＝∠CEF（対頂角）

2組の辺とその間の角がそれぞれ等しいので△EABと△ECFは合同。

（∵三角形の合同と合同条件については68頁で詳しく解説します。）

合同な図形の対応する角は等しいから、

∠EAB＝∠ECF　⇒　**∠EAB**＜∠ECF＋∠FCD＝**∠ECD**

⇒　∠EAB＜∠ECD

∠ECDは△ABCの外角、∠EABはその内対角（のうちの1つ）だから三角形の外角は内対角より大きい。

**（証明終わり）**

# 中学数学の最難関の証明はこれでクリア！

## 「錯角が等しい⇒平行」の証明

やっと、準備が整いました！　まずは**「錯角が等しい⇒2直線は平行」**を証明していきましょう。証明には**背理法**を使います。

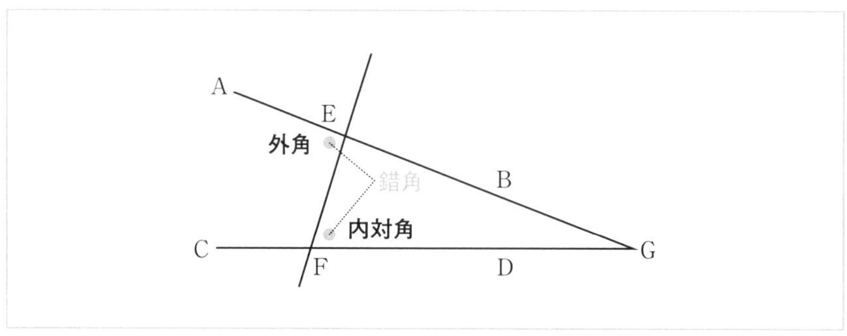


**《証明》**

図の∠AEFと∠EFGが等しいとき「直線ABと直線CDが図の右側の点Gで交わる」と仮定する。

（※「平行＝どこまで延ばしても交わらない」を証明したいので「平行でない＝交わる」を仮定して矛盾を導こうとしています。）

2直線が交わるとできる△GEFについて、∠AEFは外角、∠EFGはその内対角。

先ほどの証明で導いた通り、**三角形の外角は内対角より大きい**ので、

　∠AEF＞∠EFG　…①

一方、仮定より錯角は等しいので、

　∠AEF＝∠EFG　…②

①と②は矛盾。直線ABと直線CDが図の左側で交わると仮定しても同様に矛盾する。（∵「錯角が等しいとき2直線は平行でない＝交わる」という仮定が間違っていたからです。）

よって、「錯角が等しければ2直線は平行」。

（証明終わり）

## 「同位角が等しい⇒平行」の証明

「同位角が等しい⇒平行」は比較的簡単に示せます。**ここでは「同位角が等しい⇒錯角が等しい」を示せれば十分**です。なぜなら「錯角が等しい⇒平行」は既に示せているので、「同位角が等しい⇒錯角が等しい⇒平行」が成立して「同位角が等しい⇒平行」が示せたことになるからです。

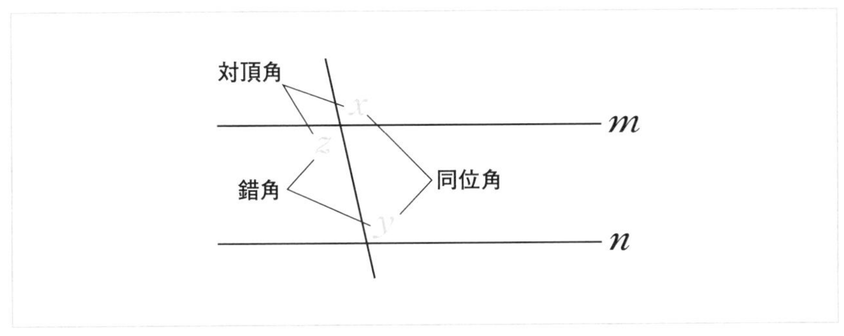


**《証明》**

仮定より同位角は等しいので、

$x=y\cdots$①

また、対頂角は等しいから、

$x=z\cdots$②

①、②より、$y=z$

錯角が等しいので、図の直線 $m$ と直線 $n$ は平行。

（証明終わり）

## 「平行⇒錯角が等しい」の証明

「平行⇒錯角が等しい」の証明は**ユークリッドの第5公準を使い、背理法で示します。**

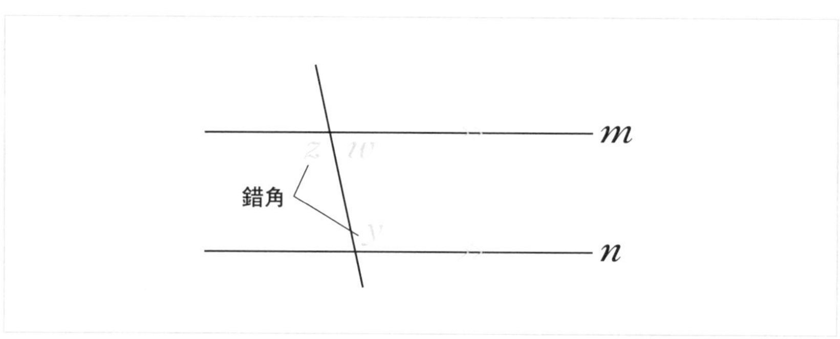


**《証明》**

図で直線$m$と直線$n$が平行のとき、錯角である$z$と$y$が等しくないと仮定する（ここでは$y<z$とする）。

一方、$w+z=180°$ ⇒ $w+y<180°$

「ユークリッドの第5公準」より、**同じ側の内角の和が180°より小さければ2直線は交わる。**これは2直線が平行であることと矛盾する。

よって、平行⇒錯角は等しい。

**（証明終わり）**

上の証明では$y<z$としましたが、$y>z$の場合は、2直線は図の左側で交わることになり、やはり平行であることと矛盾します。結局、平行のとき**「錯角が等しくないとすると矛盾するから、錯角は等しい」**です。

## 「平行⇒同位角が等しい」の証明

「平行⇒同位角が等しい」を証明するためには、**「錯角が等しい⇒同位角が等しい」を示します。**そうすれば、「平行⇒錯角は等しい」は既に示せているので、「平行⇒錯角が等しい⇒同位角が等しい」が成立して「平行⇒同位角が等しい」が示せたことになります。

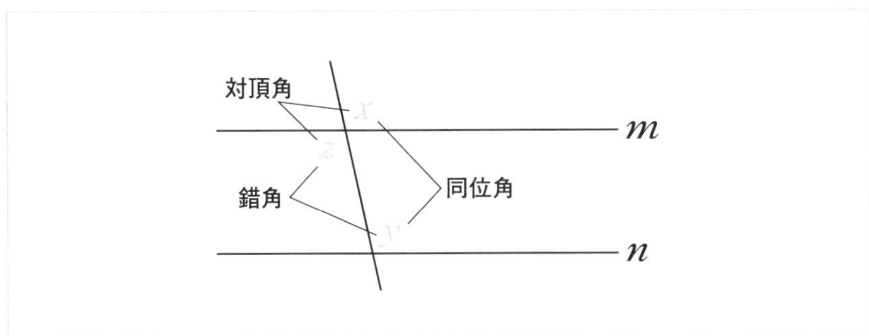


**《証明》**

図で直線 $m$ と直線 $n$ が平行だとすると、錯角は等しいから、

$y = z$ …①

また対頂角どうしは等しいので、

$x = z$ …②

①、②より、$x = y$

よって、同位角は等しい。

**（証明終わり）**

## これができれば「証明マスター」！

お疲れ様でした！ 長い道のりでしたね。ここまで難しく感じた人も多いと思いますが、**本節の内容が理解できて、白紙に再現できるようになれば「証明」はマスターできたと思ってもらって構いません。**

これで、中学数学の最難関、かつ図形において応用範囲が極めて広い定理である「同位角・錯角が等しい⇒平行」と「平行⇒同位角・錯角が等しい」が示せたことになります。

一般に、「$p \Rightarrow q$」と「$q \Rightarrow p$」の両方が成立するとき、**「$p$ と $q$ は同値である」**といい、「$p \Leftrightarrow q$」のように表します。つまり、**「同位角や錯角が等しい⇔2直線が平行」**です。

# なぜ三角形の内角の和は180°なのか？

## 「三角形の内角の和は180°」の証明

三角形の内角の和が180° であることは、「平行な2直線と同位角・錯角の関係」を使えば、比較的簡単に示せます。

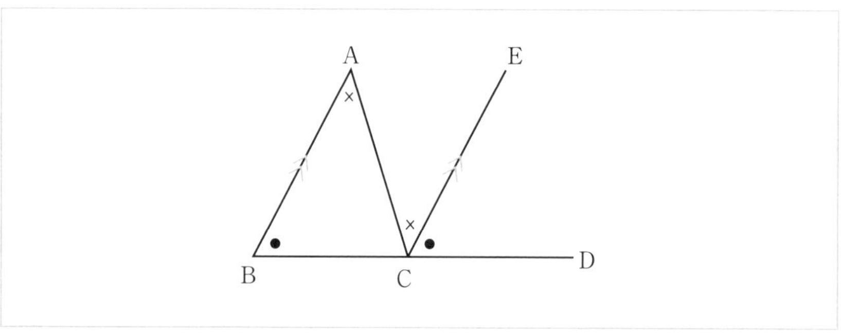


**《証明》**

図のように、△ABCのBCをCの方に延長して、点Dを取る。

Cを通り、BAに平行な直線CEを引く。

・∠ABC＝∠ECD（同位角）

・∠CAB＝∠ACE（錯角）

⇒∠ABC＋∠CAB＋∠BCA＝∠ECD＋∠ACE＋∠BCA＝180°

**（証明終わり）**

## 循環論法に注意！

たとえば「泣いているのは悲しいからだ。なぜ悲しいかというと、それは泣いているからだ」は、何の説明にもなっていません。「泣いている」の理由が「悲しい」であり、「悲しい」の理由が「泣いている」になっているからです。

このように**ある命題の証明に、その命題を仮定した議論を用いること**を循環論法と言います。循環論法は虚偽の「証明」です。

たまに、前節で証明した「平行⇒同位角・錯角が等しい」を、三角形の内角の和が180°であることを使って「証明」しているものを見かけますが、循環論法になっているので間違いです。

なぜなら、前述の通り「三角形の内角の和が180°」であることの証明には、「平行⇒同位角・錯角が等しい」を使うからです。

## 1周が360°なのはどうして?

そもそも、なぜ1周が360°なのかをご存じでしょうか？　それは、古代ギリシャの「天文学の父」**ヒッパルコス**（前2世紀頃）が、地球を経線（北極と南極を結ぶ縦の線）によって360分割することを提唱したことに始まっています。当時、緯線（赤道と平行な横の線）のアイデアはあったので、緯線に経線を組み合わせて（経度と緯度によって）地球上の位置を示そうとしたのです。なお、「360」は1年の日数に近い切りの良い（約数の多い）数字ということで選ばれました。

その後、**プトレマイオス**（2世紀頃）が、このアイデアを受け継ぎ、円周を360等分し、１周の360分の1に相当する角度を1°とすることに定めました。これが、1周が360°になった経緯です。

プトレマイオスはさらに、1°を60分の1にしたものを「partes minutae prime（第一の小部分）」、さらにその60分の1を「partes minutae seconds（第二の小部分）」と呼びました。

ちなみに、16世紀以降、性能の良い機械式時計がつくられ、「時間」よりも細かい時間の単位が必要になったとき、プトレマイオスのこの60分割のアイデアが使われました。今でも１時間の60分の1をminute（分）、１分の60分の1をsecond（秒）と呼ぶのはその名残です。

# 多角形の角度の性質

## 内角と外角の定義

内角……[図1-8]（ｉ）の∠BAEのように、多角形の隣り合った辺がつくる多角形の内部の角

外角……[図1-8]（ｉ）の∠EAPのように、多角形の各頂点において、1つの辺とその隣りの辺の延長線とがつくる角

## 多角形の内角の和

**図形の角度や面積を考えるとき、パッと見てわからなかったら、三角形に分割するというのは幾何（図形の数学）の基本です。**

[図1-8]（ii）を見てください。７角形の中央付近に点をとって、各頂点と結んでみましょう。すると７つの三角形ができますね。この７つの三角形の内角の和から、中央の点のまわりの1周分の360° を引けば「７角形の内角の和」が求まります。同様に考えて抽象化すれば、$n$角形の内角の和を求める公式が得られます。

## 多角形の外角の和

今度は、７角形の外角の和を求めてみましょう。各頂点のまわりの内角と外角を足すと180°（点線の角度）なので、「180°×7」から「７角形の内角の和」を引き算すれば、7角形の外角の和が求まります。

[図1-8]（iii）の数式で「7」を「$n$」に変えて抽象化しても同じ結果になります。意外に思われるかもしれませんが、**$n$角形の外角の和は常に（$n$の値によらず）360°** です。

## 図 1-8 多角形の角度の性質

(ⅰ)

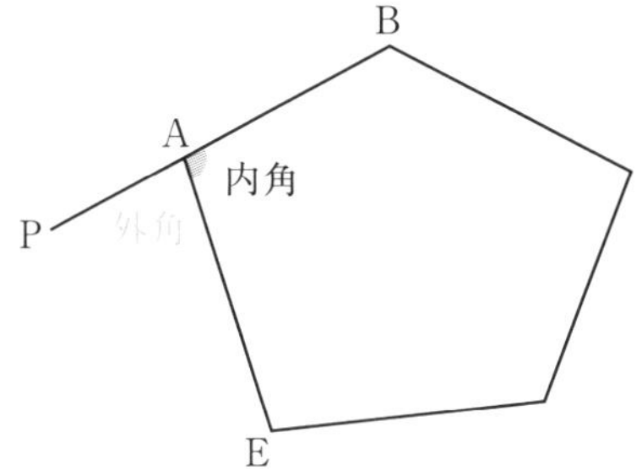


(ⅱ)

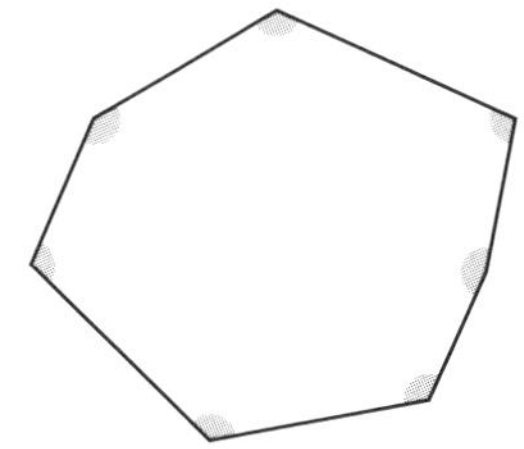

7角形

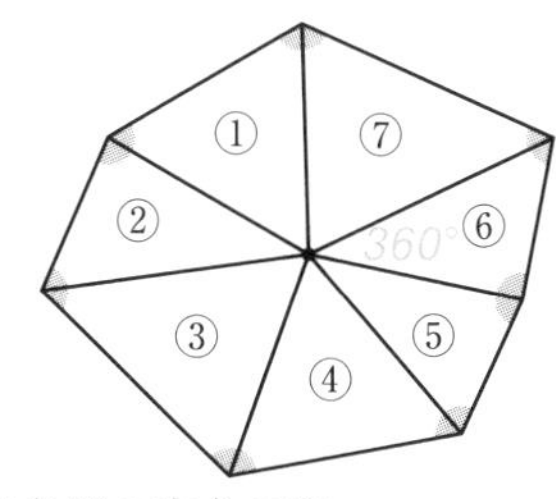


7角形の内角の和

$=180° \times 7 - 360°$

同様に考えると…

$n$ 角形の内角の和 $= 180° \times n - 360° = 180° \times (n - 2)$

(ⅲ)

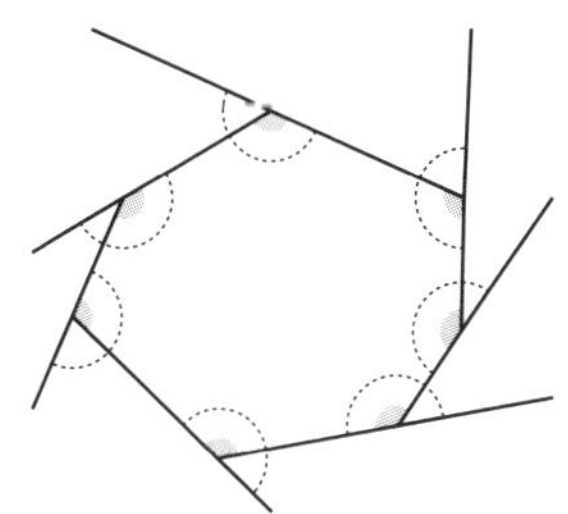

7角形の外角の和

$= 180° \times 7 -$ 7角形の内角の和

$= 180° \times 7 - (180° \times 7 - 360°)$

$= 180° \times 7 - 180° \times 7 + 360°$

$= 360°$

# 三角形の合同条件は「効率の良いチェックリスト」

## 合同とは

まずは、定義を確認しておきましょう。

合同……**2つ以上の図形が、形と大きさにおいてまったく同じで、重ね合わせられること**

2つの合同な図形は一方を移動して他方にぴったり重ねることができるので、合同な図形どうしの対応する辺や対応する角の大きさは等しいです。

**図 1-9** 三角形の合同条件

① 3組の辺がそれぞれ等しい

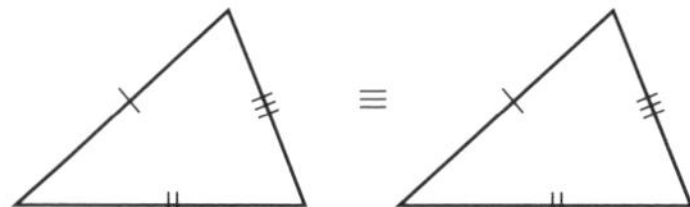

② 2組の辺とその間の角がそれぞれ等しい

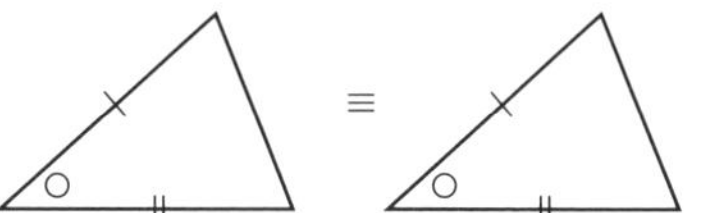

③ 1組の辺とその両端の角がそれぞれ等しい

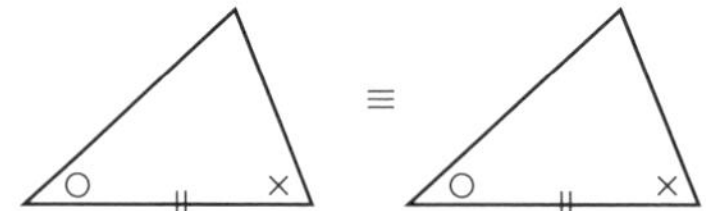

④ 2組の角とその間にない1組の辺がそれぞれ等しい

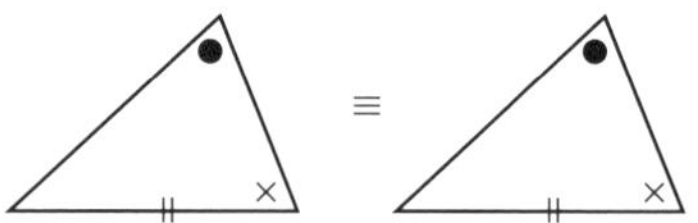

「≡」は、合同であることを示す記号です。三角形は、3つの辺と3つの角を持ちますから、合同な三角形どうしは、これらの計6つの量がすべて

等しいです。

しかし、複数の三角形が合同であることを言うために、6つの量すべてが等しいことを確認する必要はありません。「三角形の合同条件」とは、3つの量が等しいことを確認するだけで、合同が確定するという**「効率の良いチェックリスト」**だと言えます。6箇所のチェックを3箇所のチェックに変換しているわけです。

なお、中学校の教科書では［図1-9］①～③の3つを「三角形の合同条件」として紹介しており、④は載っていません。

2組の角が等しければ、残りの1組の角も等しくなり、④の条件は③の条件に帰着しますが、3つチェックできれば合同が確定する「チェックリスト」として捉えるなら④も含めた方が良いと私は思います。実際、海外で「三角形の合同条件」と言えば、①～④の4つを指すことが多いです。

## 「2組の辺とその間の角がそれぞれ等しい⇒合同」の証明

三角形の合同条件①～③の証明は、中学のカリキュラムの中では省略されています。中学生には難しいからですが、定義を確認し、プロセスを見る目を養う良い訓練になりますので、本書では挑戦したいと思います。

「②2組の辺とその間の角がそれぞれ等しい」→「③1組の辺とその両端の角がそれぞれ等しい」→「①3組の辺がそれぞれ等しい」の順に証明していきます。

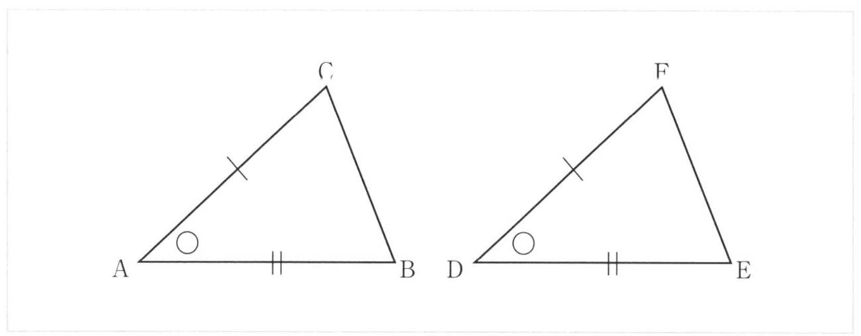

**《証明》**

図の△ABCと△DEFにおいて、

AB＝DE、AC＝DF、∠A＝∠D…（仮定）とする。

△ABCを△DEFに重ねようとするとき、ABをDEに重ねると

（仮定）より、ACとDFも重なる。

このとき、BとE、CとFがそれぞれ重なっているのにBCとEFが重ならないとすると、２点を結ぶ線分が２種類あることになり矛盾。

よって、BCとEFも重なり、△ABC≡△DEF。

**（証明終わり）**

## 「1組の辺とその両端の角がそれぞれ等しい⇒合同」の証明

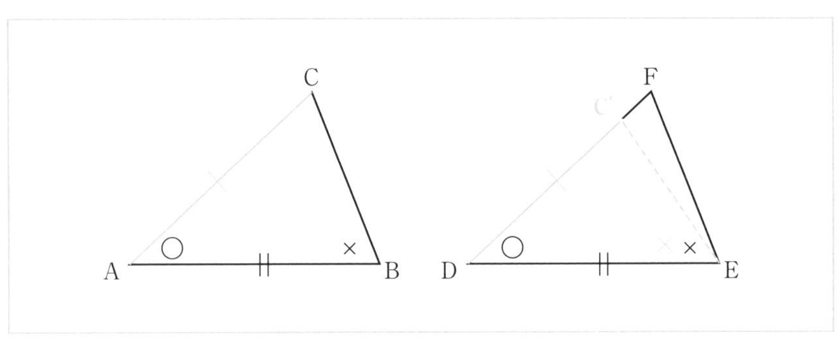


**《証明》**

図の△ABCと△DEFにおいて、

AB＝DE、∠CAB＝∠FDE、∠ABC＝∠DEF …（仮定）とする。

今、△DEFのDF上にAC＝DC'になるようにC'を置くと、

（※↑ここではまだC'がFと一致するかどうかはわかりません。）

△ABCと△DEC'は「2組の辺とその間の角がそれぞれ等しい」ので、

△ABC≡△DEC'…（ア）

合同な三角形の対応する角は等しいので、

∠ABC＝∠DEC'…（イ）

一方、（仮定）より、

∠ABC＝∠DEF　…（ウ）

（イ）と（ウ）より、∠DEF＝∠DEC'

よって、C'とFは一致する。つまり、

△DEF≡ △DEC'…（エ）

（ア）と（エ）より、△ABC≡△DEF

**（証明終わり）**

## 「3組の辺がそれぞれ等しい⇒合同」の証明

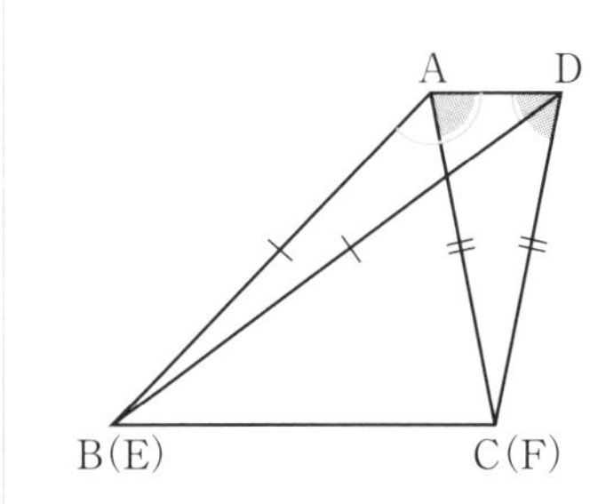


背理法を使って、
AとDは一致することを示します。

**《証明》**

図の△ABCと△DEFについて、

AB＝DE、BC＝EF、CA＝FD　…（仮定）とする。

△ABCのBCと△DEFのEFが重なるように置いたとき、AとDが異なる点になるとすると、△CADと△BDAはそれぞれ二等辺三角形。

二等辺三角形の底角は等しいから、

∠CAD＝∠CDA　…（ア）、∠BAD＝∠BDA　…（イ）

しかし、上の図から（ア）と（イ）は同時には成立しない。よって、AとDは一致する。すなわち、△ABCと△DEFはぴったり重なるので、

△ABC≡△DEF

**（証明終わり）**

# 「二等辺三角形の底角は等しい」の証明は面白い

## 「二等辺三角形の底角は等しい」の証明

前節の「3組の辺がそれぞれ等しい⇒合同」の証明に、二等辺三角形の底角が等しいことを使いました。

この事実を知っている人は多いと思いますが、これも証明しておきます。ただし、その証明方法には意外な面白さがあります。

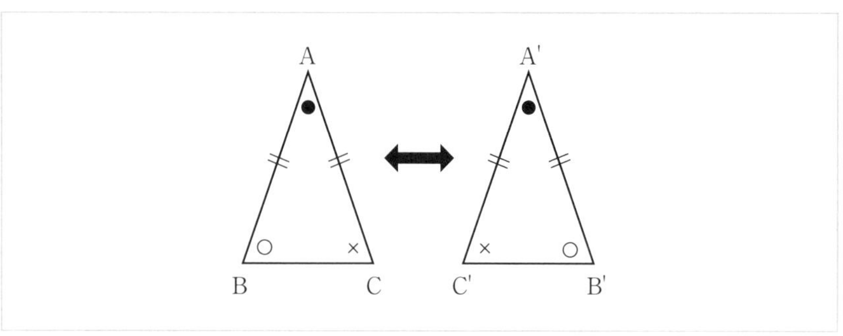


**《証明》**

△ABCはAB＝ACの二等辺三角形…（仮定）とする。

今、△ABCの左右をひっくり返した三角形を用意し、これを△A'C'B'とすると、

AB＝A'B' …①

AC＝A'C' …②

∠A＝∠A' …③

∠C＝∠C' …④

（※他にもBC＝B'C'や∠B＝∠B'も言えますがここでは使いません）

①、②、③より「２組の辺とその間の角がそれぞれ等しい」ので、

△ABC≡△A'C'B'

合同な三角形の対応する角は等しいので、

∠B＝∠C'　…⑤

④、⑤より、

∠B＝∠C

よって、二等辺三角形の底角は等しい。

**（証明終わり）**

## なぜこんなヘンな「証明」なのか？

「左右をひっくり返した三角形を用意」するなんて、奇妙に思われたかもしれませんね。中学校の教科書では二等辺三角形の底角が等しいことは、頂角の二等分線を引いてできあがる２つの三角形が合同になることを使って証明します。

しかし、厳密に言うと**「頂角の二等分線」が必ず引けるという保証はありません。**前（50頁）に角の二等分線の作図方法は学びましたが、あのときは作図方法の根拠にした**円の対称性**の証明を省きました。

**実は、円の対称性の証明には「３組の辺がそれぞれ等しければ合同」を使います。**しかし、71頁で紹介したように、この合同条件の証明には「二等辺三角形の底角は等しい」を使います。つまり、頂角の２等分線を使って「証明」すると、**二等辺三角形の底角は等しい⇒３組の辺がそれぞれ等しければ合同⇒頂角の二等分線が引ける⇒二等辺三角形の底角は等しい**というロジックを使っていることになり、**循環論法**（64頁）になってしまうわけです。二等辺三角形の底角が等しいことの証明に一見奇妙なアイデアを用いているのはこれを回避するためでした。

# 相似条件が正しいことを証明しよう

## 相似とは

相似……**一方を拡大あるいは縮小すると他方と合同になること**

実物の東京タワーと模型の東京タワーのように、**大きさは違っても「形が同じ」であれば相似**です。たとえばすべての円は相似と言えます。正三角形や正方形のような正多角形も相似ですが、二等辺三角形や直角三角形は、色々な形がありますので一般には相似ではありません。

三角形の相似条件を紹介します。やはりこれも合同条件と同様に「効率の良いチェックリスト」になっています。

**図 1-10 三角形の相似条件**

① ３組の辺の比がすべて等しい

$a : a' = b : b' = c : c'$

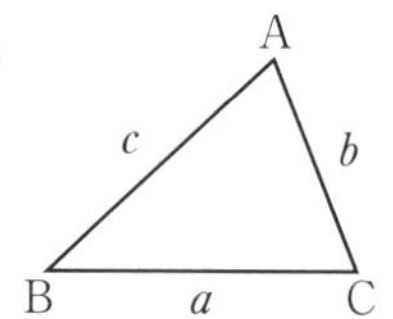

∽
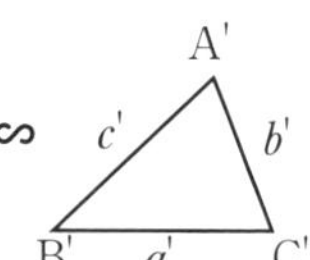


② ２組の辺の比とその間の角が等しい

$a : a' = b : b'$

$\angle C = \angle C'$

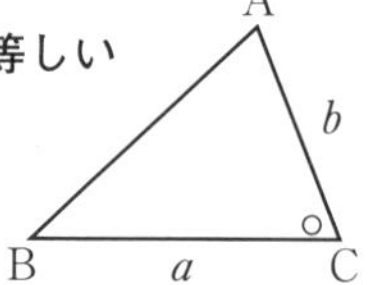

∽
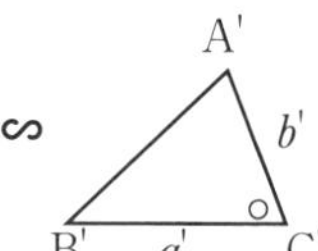


③ ２組の角が等しい

$\angle B = \angle B'$

$\angle C = \angle C'$

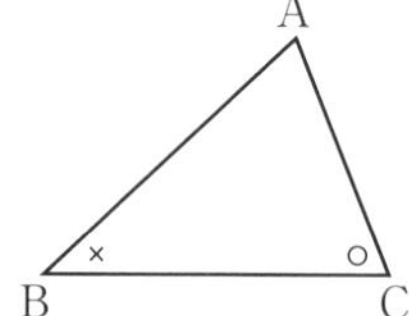

∽
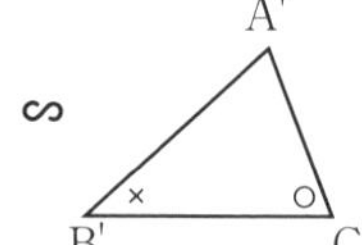

「∽」**は相似を表す記号**です。類似していることを意味するラテン語の「similis」の頭文字のSを横倒しにしたのが起源だと言われています。

2つの図形が相似であるとき、一方を拡大（または縮小）すれば、他方にぴったり重なるので、**相似な図形では、対応する辺の長さの比はすべて等しく、対応する角の大きさはそれぞれ等しいです。**

## 相似条件は、合同条件と関連付けよう！

相似条件も、中学の教科書では証明なしで紹介されていますが、本書ではしっかり示しておきましょう。

次の頁から、3つの相似条件が正しい（確かに相似になる）ことを一挙に証明していきます。方針はすべて同じです。

左の定義にも書いた通り、相似とは、一方を拡大（あるいは縮小）したときに合同になることです。

よって、**相似条件を満たす図形の一方を拡大（あるいは縮小）したときに合同条件を満たすことがわかれば、相似条件の正しさが証明されたことになります。**

**先を急ぎたい人は、相似条件の証明は飛ばして頂いても構いません**。ただ、合同条件の良い復習になるので、全体が終わったらぜひここに帰ってきてください。

数学では（他の教科にも通じると思いますが）**新しい知識を学んだら、それが既知の知識とどのように繋がるのかを考えることはとても大切**です。頭の中で他と関連づけられた知識は、記憶の網から抜け出る可能性が低くなります。しかし、他から孤立した知識は記憶の海の中で藻屑となって消えてしまうでしょう。

ある知識を一本釣りで頭の中から引き出すことは容易ではありませんが、他の知識と繋がっている知識であれば簡単に思い出せます。

相似条件の証明に取り組めば、**相似条件と合同条件の関係がわかることで、どちらも「忘れない」ものになるのです。**

## 「3組の辺の比がすべて等しい⇒相似」の証明

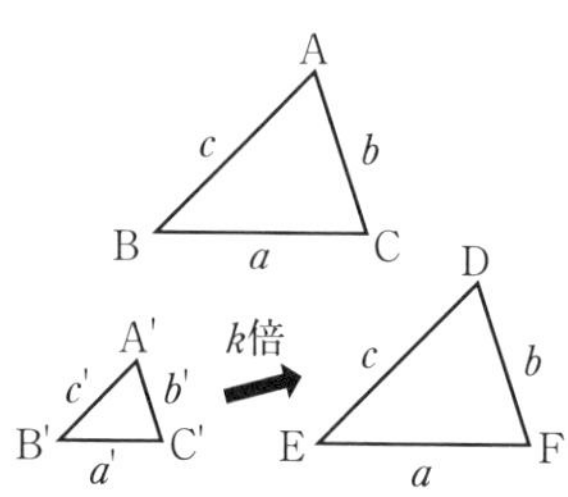


**《証明》**

図の△ABCと△A'B'C'について仮定より、

$$a : a' = b : b' = c : c'$$

とする。

$$a : a' = b : b' = c : c' = k : 1$$

とおくと、

$$a = ka'、b = kb'、c = kc' \qquad \cdots①$$

ここで、△A'B'C'を$k$倍した△DEFを用意する。①より、

BC＝EF

CA＝FD

AB＝DE

△DEFと△ABCは「3組の辺がそれぞれ等しい」から、

△ABC≡△DEF

△A'B'C'を$k$倍（に拡大あるいは縮小）した三角形（△DEF）は△ABCと合同になるので、

△A'B'C' ∽ △ABC

**（証明終わり）**

## 「2組の辺の比とその間の角が等しい⇒相似」の証明

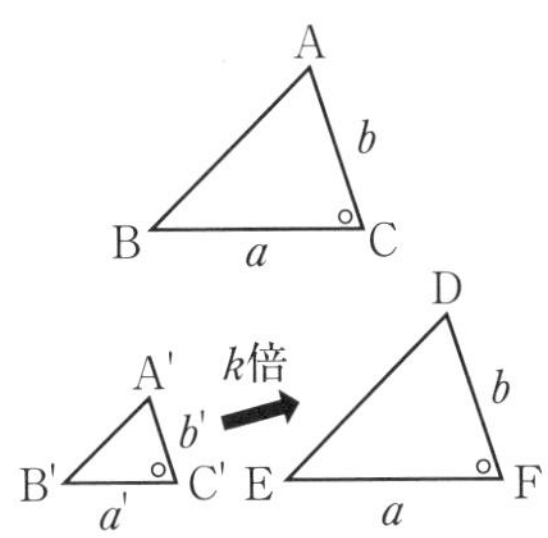


**《証明》**

図の△ABCと△A'B'C'について仮定より、

$a : a' = b : b'$ …① 、∠C＝∠C' …②

とする。①より、

$a : a' = b : b' = k : 1$

とおくと、

$a = ka'$、$b = kb'$ …③

ここで、△A'B'C'を$k$倍した△DEFを用意する。③より、

BC＝EF …④ CA＝FD …⑤

また、②より、

∠C＝∠F…⑥

④、⑤、⑥より△DEFと△ABCは「2組の辺とその間の角がそれぞれ等しい」から、

△ABC≡△DEF

△A'B'C'を$k$倍（に拡大あるいは縮小）した三角形（△DEF）は△ABCと合同になるので、

△A'B'C'∽△ABC

**（証明終わり）**

## 「2組の角が等しい⇒相似」の証明

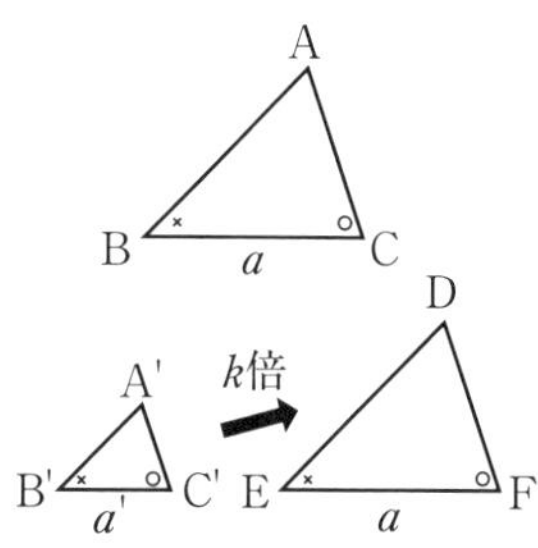


**《証明》**

図の△ABCと△A'B'C'について仮定より、

∠B＝∠B'、∠C＝∠C'　…①とする。

また、

$a : a' = k : 1$

とおくと、

$a = ka'$…②

ここで、△A'B'C'を$k$倍した△DEFを用意する。

①より、

∠B＝∠E、∠C＝∠F　…③

②より、

BC=EF　…④

③と④より、△DEFと△ABCは「1組の辺とその両端の角がそれぞれ等しい」から、

△ABC≡△DEF

△A'B'C'を$k$倍（に拡大あるいは縮小）した三角形（△DEF）は△ABCと合同になるので、

△A'B'C'∽△ABC　　　　**（証明終わり）**

# 測量の技術は相似で発展した

## 測りづらい長さを求める

**相似を利用すると、測りづらい長さを測りやすい長さに変換して求めることができます。**たとえば、沖にある船と岸の距離が知りたいとしましょう。あなたにはもう一人協力してくれる友人がいます。あなたと友人は下の［図1-11］（ｉ）のように海岸線ギリギリに、ちょうど10m離れて立っています。

２人がそれぞれ沖の船を見たときの角度を調べたところ、50°と70°でした。そこで今度は手元のノートに（ⅱ）のような三角形を描きます。定規を使って実際に（ⅱ）のCHの長さを測ってみたところ16.8cmでした。

（ｉ）と（ⅱ）の２つの三角形は２組の角がそれぞれ等しいので相似です。

**相似な図形は、対応する辺の長さの比が等しい**ので以下が成り立ちます。

$$10\ [\mathrm{m}] : 20\ [\mathrm{cm}] = h\ [\mathrm{m}] : 16.8\ [\mathrm{cm}]$$

ここから、船と岸の距離（$h$）は**8.4［m］**と求まります。

図 1-11 地上から海面の距離を測る

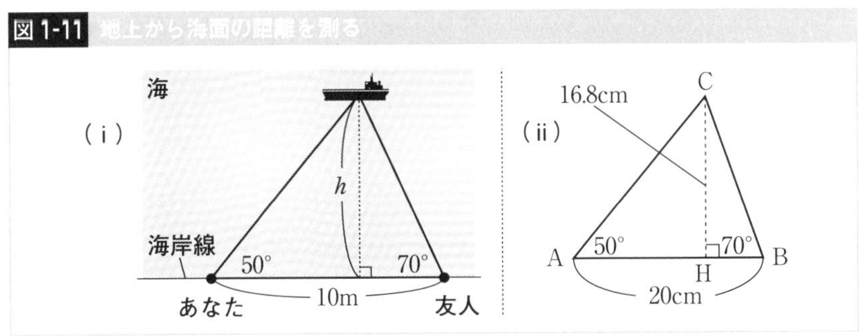

## 相似を使ってピラミッドの高さを測ったタレス

人類最初の数学者であるタレス（42頁）は、**相似を利用してエジプトのピラミッドの高さを測り、当時の人々を驚かせた**と言われています。

まずタレスは太陽に背を向けて立ち、自分の影の長さが自分の身長と同じになるタイミングを見計らいました。そしてその瞬間がくるとタレスは、ピラミッドの影の先端とピラミッドの底面の中心の距離（[図1-12] のBC）を測り、「この長さがピラミッドの高さである」と言いました。

太陽に対して影のできる方向は同じ（AC とA'C' は平行）なので△ABCと△A'B'C' は（∠B＝∠B'、∠C＝∠C'より２組の角が等しいので）相似になります。タレスの身長とその影の長さが等しいとき、△A'B'C' はA'B'=B'C' の直角二等辺三角形になるので、ピラミッドの方の△ABC もAB=BC の直角二等辺三角形になり、BCの長さはピラミッドの高さ（AB）に等しくなるというわけです。

**図 1-12** 人の影から建物の高さを測る

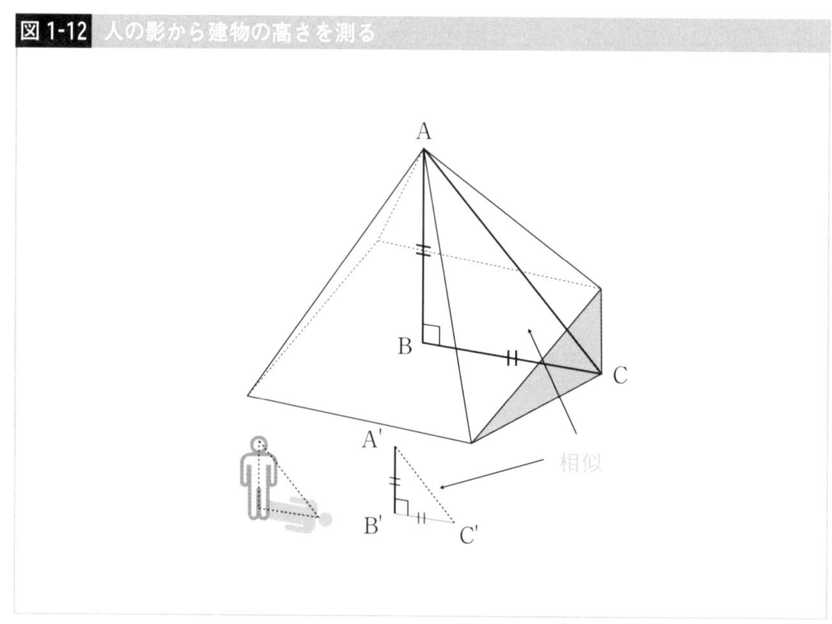

## 相似から発展した三角測量

色々な三角形の辺の長さと角度の大きさの関係を調べ、測量や他の幾何学への応用を研究する数学を三角法と言い、三角法を使った測量のことを三角測量と言います。

三角法において基本になるのは直角三角形です。なぜなら**直角三角形は直角以外の角度のどちらか一方が同じであれば（2組の角がそれぞれ等しいことになり）相似である**とわかる上に、三平方の定理（90頁）を使えば、各辺の長さも計算しやすいからです。高校で習う三角比や三角関数は三角法から生まれました。

今も街に出ると、測量士の方が三脚の上に立てた機械を覗いているのを見かけることがあると思います。あの機械は三角測量に必要な数値（79頁の例の10mや50°や70°）を測るものです。また人工衛星の位置も2つの恒星を使った三角測量で計算します。

古代ギリシャの時代から現代にいたるまで、三角測量ほど人類を支え続けている技術も珍しいでしょう。

## 「幾何学」の語源

幾何学を表す英語「geometry」の語源はgeo（地）とmetria（測定）です。また「幾何」は、中国でイタリア人宣教師のマテオ・リッチが「geo」を音訳（漢字の音を借りて、外国語を表すこと）したのが始まりだと言われています。日本には明治の初め頃に、これがそのまま入ってきました。

古代文明は大河のほとりに栄え、洪水を避けることができなかったので、川が氾濫するたびに土地の測量をやり直す必要がありました。**測量に役立つ図形の知識は、生活に欠かせないものだったのです。**

測量の必要性から生まれた三角法、三角比、三角測量、そして三角関数は、言わば人類が綿々と築いてきた文明の生き証人のような存在です。

# 最も美しい図形は、円

## 円周角の定理

かつて古代ギリシャの人々は、円を**「最も美しい図形」**と呼びました。

円は中心に対して点対称であり、直径に対して線対称な図形です。そういう「全方位に均等」な図形的特徴を美しく感じる感性は理解できます。ただし、それだけで円を「最も美しい図形」と呼ぶことはなかったでしょう。

論理的であることに何よりの価値を置く古代ギリシャの人々が円を美しいと感じたのは、円には様々な定理が成立するからではないでしょうか。

ユークリッドの『原論』でも、平面幾何に関する1～4巻のうち、3巻と4巻はすべて円に関する命題の証明です。古代ギリシャの人々がいかに円を重要視していたかがわかります。

ここではそんな円の定理の中でも特に重要な円周角の定理を取り上げます。まずは円に関する名称の定義を紹介します。

弦……**円周上の2点を結ぶ線分**

弧……**円周の一部**

**円周上の2点A、Bを両端とする弧を**弧AB**と言い、**$\overset{\frown}{AB}$**と表す**

中心角……**扇形で2つの半径がつくる角**

円周角……**円周上の1点を共有する2つの弦がつくる角**

**特に、円Oにおいて、$\overset{\frown}{AB}$を除いた円周上に点Pをとるとき、**

**∠APBを**$\overset{\frown}{AB}$に対する円周角**と言う**

## 円周角の定理とは？

円周角については、次の定理が成り立ちます（**円周角の定理**）。

**(1) 円周角の大きさは、同じ弧に対する中心角の半分である**
**(2) 同じ弧または等しい弧に対する円周角の大きさは等しい**

**(1) が証明できれば、(2) はほとんど自明（特に証明しなくても明らかなこと）です。**なぜなら、同じ弧（または等しい弧）に対する中心角の大きさは一定であり、円周角の大きさはその半分だからです。

(1) の証明は、[図1-13] で（ i ）AP上に中心Oがある場合、（ ii ）∠APB内に中心Oがある場合、（iii）∠APBの外に中心Oがある場合に分けて証明していきます（証明は次の頁にまとめます）。「円周角の定理」の証明は、**場合分けを適切に行い、すべてのケースを網羅して証明を完成させる練習としてオススメです。**

図 1-13　円に関する名称と円周角の定理の3パターン

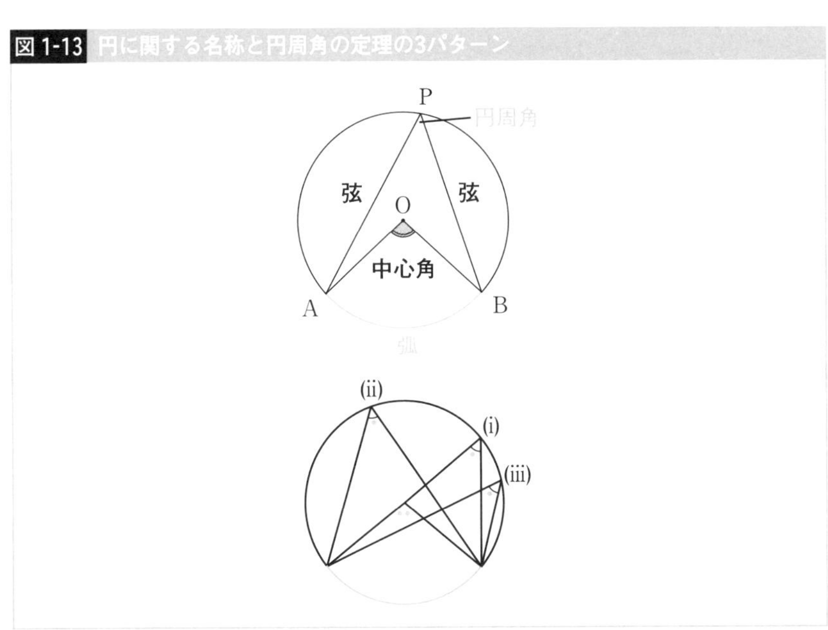

(ⅰ)の証明

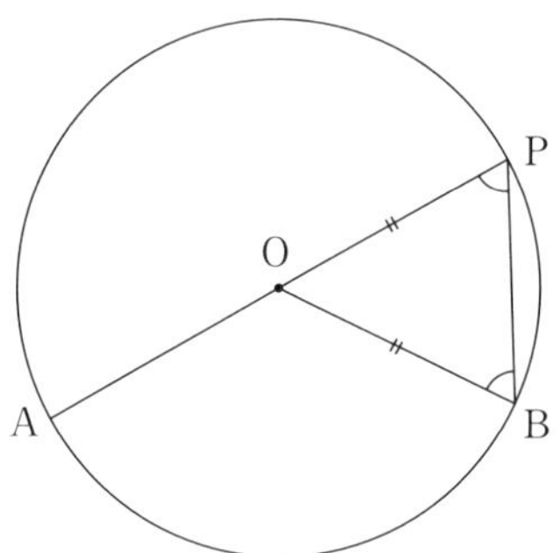


(ⅱ)の証明

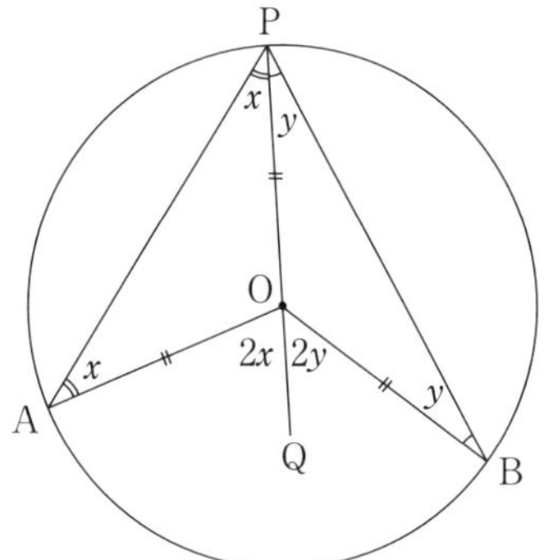


(ⅲ)の証明

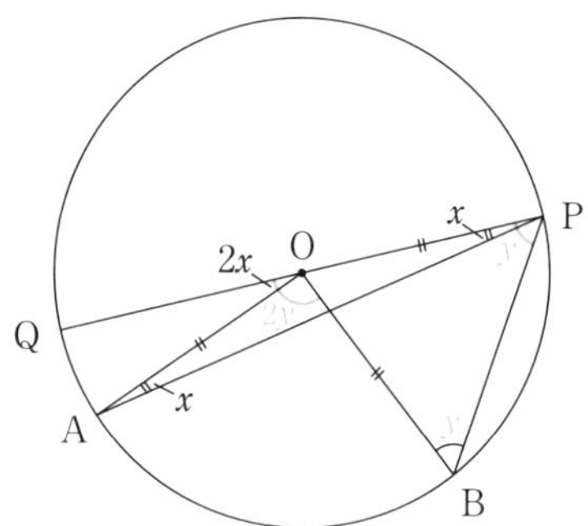

《証明》

（ⅰ）△OPBは二等辺三角形だから∠OPB＝∠OBP …①

∠AOBは△OPBの外角であり、三角形の外角は隣り合わない内角の和に等しいから、

$$\angle \mathrm{AOB}=\angle \mathrm{OPB}+\angle \mathrm{OBP} \quad \cdots ②$$

①、②より、$\angle \mathrm{AOB}=\angle \mathrm{OPB}+\angle \mathrm{OBP}=2\times\angle \mathrm{OPB}=2\times\angle \mathrm{APB}$

$\Rightarrow \quad \angle \mathrm{APB}=\frac{1}{2}\angle \mathrm{AOB}$

（ⅱ）∠OPAの大きさを $x$、∠OPBの大きさを $y$ とする。

OA＝OB＝OPより、△OPAと△OPBは二等辺三角形だから、

$$\angle \mathrm{OPA}=\angle \mathrm{OAP}=x、\angle \mathrm{OPB}=\angle \mathrm{OBP}=y$$

三角形の外角は隣り合わない内角の和に等しいから、

$$\angle \mathrm{AOQ}=\angle \mathrm{OPA}+\angle \mathrm{OAP}=x+x=2x$$

$$\angle \mathrm{BOQ}=\angle \mathrm{OPB}+\angle \mathrm{OBP}=y+y=2y$$

$\Rightarrow \quad \angle \mathrm{AOB}=\angle \mathrm{AOQ}+\angle \mathrm{BOQ}=2x+2y=2(x+y)=2\times\angle \mathrm{APB}$

$\Rightarrow \quad \angle \mathrm{APB}=\frac{1}{2}\angle \mathrm{AOB}$

（ⅲ）∠OPAの大きさを $x$、∠OPBの大きさを $y$ とする。

OA＝OB＝OPより、△OPAと△OPBは二等辺三角形だから、

$$\angle \mathrm{OPA}=\angle \mathrm{OAP}=x、\angle \mathrm{OPB}=\angle \mathrm{OBP}=y$$

三角形の外角は隣り合わない内角の和に等しいから、

$$\angle \mathrm{AOQ}=\angle \mathrm{OPA}+\angle \mathrm{OAP}=x+x=2x$$

$$\angle \mathrm{BOQ}=\angle \mathrm{OPB}+\angle \mathrm{OBP}=y+y=2y$$

$\Rightarrow \quad \angle \mathrm{AOB}=\angle \mathrm{BOQ}-\angle \mathrm{AOQ}=2y-2x=2(y-x)=2\times\angle \mathrm{APB}$

$\Rightarrow \quad \angle \mathrm{APB}=\frac{1}{2}\angle \mathrm{AOB}$

**（証明終わり）**

# 「転換法」で証明する「円周角の定理の逆」

## 転換法とは？

転換法とは、**真である一連の命題について、仮定がすべての場合を網羅していて、かつ結論はどの2つも同時に成立することがないとき、一連の命題の逆も成立する**ことを使う証明法です。

たとえば、4月1日時点の年齢について、以下の一連の命題は真です。

・0歳から5歳⇒未就学児　　・6歳から11歳⇒小学生
・12歳から14歳⇒中学生　　・15歳以上⇒高校生以上

これらの命題の仮定（4月1日時点の年齢）はすべての場合を網羅していて、かつ結論が重複する（小学生かつ中学生など）ことはありません。

よってこれらの命題の逆「小学生⇒6歳から11歳」なども真と言えます。このような言い換え（転換）によって証明するのが転換法です。

## 円周角の定理の逆の証明

**「2点C、Pが直線ABについて同じ側にあるとき、∠APB＝∠ACBならば、4点A、B、C、Pが同一円周上にある」**ことを円周角の定理の逆と言います。これを証明するには、以下がすべて真であることを示します。

①点Pが△ABCの外接円の周上　⇒　∠APB＝∠ACB
②点Pが△ABCの外接円の内部　⇒　∠APB＞∠ACB
③点Pが△ABCの外接円の外部　⇒　∠APB＜∠ACB

**①～③の仮定はすべての場合を網羅していて、かつ結論のどれも重複しない**ことから、転換法が使えます。すなわち①の逆も成立することから**「円周角の定理の逆」は真**です。

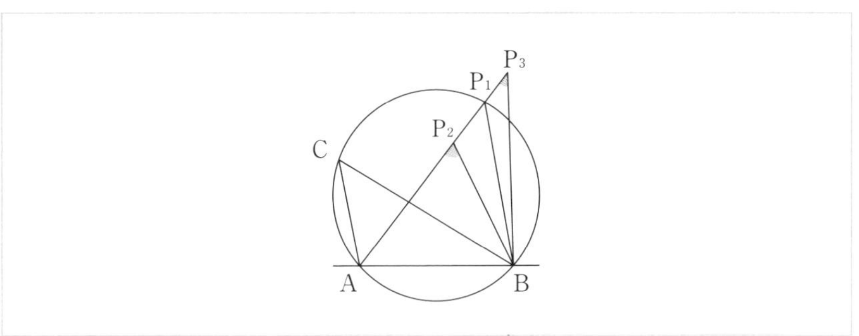


**《①の証明》**

点$P_1$が△ABCの外接円の周上にあるとき円周角の定理から、

$\angle AP_1B = \angle ACB$

**《②の証明》**

点$P_2$が△ABCの外接円の内部にあるとき、

$\angle AP_2B$は$\triangle P_2P_1B$の外角であり、$\angle P_2P_1B$はその内対角だから、

$\angle AP_2B > \angle P_2P_1B = \angle AP_1B = \angle ACB \quad \Rightarrow \quad \angle AP_2B > \angle ACB$

**《③の証明》**

点$P_3$が△ABCの外接円の外部にあるとき、

$\angle P_2P_1B$は$\triangle P_1P_3B$の外角であり、$\angle P_1P_3B$はその内対角だから、

$\angle P_2P_1B > \angle P_1P_3B$

$\Rightarrow \quad \angle AP_3B = \angle P_1P_3B < \angle P_2P_1B = \angle AP_1B = \angle ACB$

$\Rightarrow \quad \angle AP_3B < \angle ACB$

①～③はすべての場合を網羅していて、かつ結論のどれも重複しないから、それぞれの逆も真。すなわち①の逆も真。

よって、

$\angle AP_1B = \angle ACB$ならば点$P_1$は△ABCの外接円の周上。

**（証明終わり）**

# 希代の数学者集団「ピタゴラス教団」

## ピタゴラス教団の誕生

ピタゴラスは、若いときに教えを受けたタレスの勧めで、エジプトとバビロニアへ修行の旅に出ました。

修行は実に20年以上にもわたり、ピタゴラスが故郷のサモス島に戻ったのは50代の半ばを過ぎた頃でした。ピタゴラスは、故郷で学校を開くつもりでしたが、当時のサモス島の支配者に邪魔されたため、イタリアのクロトンという街に移住します。

クロトンに着いたピタゴラスは、どういうわけか最初の１ヶ月を地下につくった住居にこもって過ごしました。その間は、水と野菜だけで過ごしたため、１ヶ月ぶりに地上に姿を見せたピタゴラスの姿は骸骨のようだったそうです。しかもピタゴラス自身が「私は今、あの世から戻ってきたところだ」などと偽り、死後の世界のことを語ったため、民衆は不気味に思いながらも、ピタゴラスの言葉を信じ、ピタゴラスのために教団をつくってやりました。

## 教団は栄華を極めた

こうして誕生したピタゴラス教団は**「万物の源は数である」**をスローガンに掲げ活動を開始します。街の有力者の保護も得て、弟子は数百人の規模となり教団は繁栄、ピタゴラスは次第に街の指導者的立場になっていきました。大勢の信者がピタゴラスのもとに集まったのには理由があります。

第一に、ピタゴラスの教えはオリジナリティがありました。ピタゴラスは、一般に成り立つ原理からスタートして、抽象的かつ合理的な方法で真実を探究するといういわゆる演繹的思考法を初めて確立した人物です。

第二に、ピタゴラスの平和と融和と幸福を重んじる思想が、人々の心を捉えました。彼は医学にも精通していたので、病気や健康問題の自然な解消法、そして健康的な生き方を探求していました。

第三に、ピタゴラスは、弟子を洗脳して思考力を奪うようなことは決してしませんでした。反対に、**信者たちには自分自身で新たな考え方や解決法を探すように促していたのです。**

## ピタゴラス教団は秘密主義だった？

ピタゴラス教団には多くの戒律がありました。中には「豆類を控えよ」という不思議なものもありましたが、この戒律の理由を聞いた弟子にピタゴラスは「豆は腸内でガスを発生させやすく、真実を求める人間の精神の平穏を犯すからだよ」と答えています。

ところで、ピタゴラス教団は秘密主義を貫いていた、と言われることが多いのですが、必ずしもそうではありません。

当時、**ピタゴラスとその弟子たちの学術レベルは驚くほど高いレベルに到達していました。**それほど高度な内容を誰にでもわかるように教えることは不可能でしょう。だからこそピタゴラスは教団についてこられる人を選別するために、入団を希望する者には厳しい試験を課しました。ピタゴラスとその弟子たちは、言わば孤高の天才集団だったのです。それが外部の人間には、閉鎖的で秘密主義のように見えたのではないでしょうか。

ただし、こうした「高い専門性」は、最終的にピタゴラスの命を奪うことになってしまいます。

あるとき、教団の試験に落ちた者が逆恨みで「ピタゴラスの秘密主義はやがてこの国を滅ぼすだろう」と人々を扇動し、ピタゴラスは殺されてしまいます。一説には、逃走途中にあった豆畑に入ることをためらっているうちに追手に捕まり、命を落としたとも言われています。

# 中学数学の到達点「三平方の定理」

## 三平方の定理とは?

図 1-14 三平方の定理

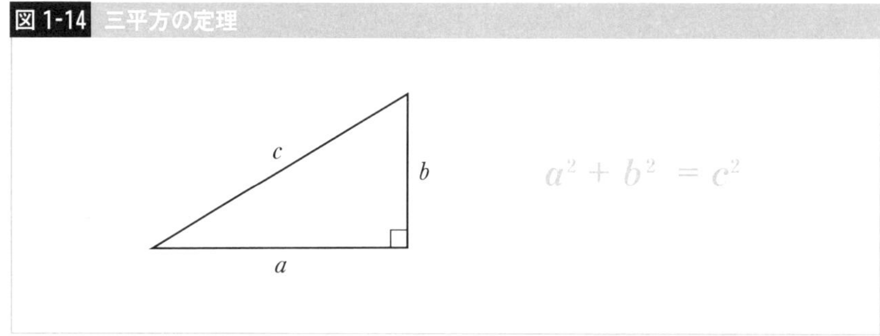


三平方の定理とは、**直角三角形において直角をはさむ2辺の2乗の和が斜辺の2乗に等しい**という定理です。3つの辺の長さの平方（2乗）についての定理なので「三平方の定理」と呼ばれています。

## 三平方の定理の証明(ガーフィールド式)

実は、**三平方の定理の証明方法は300種類以上ある**と言われています。様々なWebサイトにまとめられていますので、興味がある人はぜひ検索してみてください。

中学生レベルの古典的なものから、現代数学を用いた鮮やかな（しかし難しい）方法まで、実に様々な方法があり、そのすべてが理解できなくとも、「$a^2+b^2=c^2$」という式の奥深さを感じることができます。

ここでは、第20代のアメリカ大統領**ジェームズ・ガーフィールド**（1831-1881）が考案した証明方法を紹介しましょう。

ガーフィールドは大統領に就任してからわずか4ヶ月で銃弾に倒れるという不運に見舞われたため、大統領としての業績は多くないのですが**「史上最も博学の大統領」**と言われています。片手でラテン語を書きながら、もう一方の手でギリシャ語を同時に書くことができたそうです。

そんなガーフィールドは、議員時代に次のような証明方法を思い付きました。面積を2通りに表す点がポイントです。

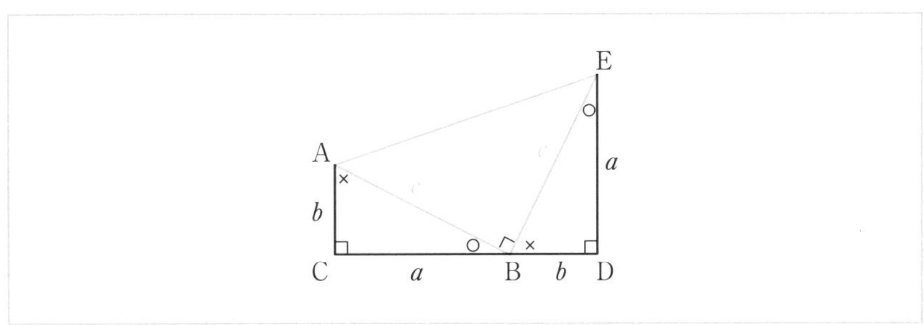


**《証明》**

△ABCと△BEDは合同な直角三角形とする。

◯と×の角度の和が90°になることから△ABEは直角二等辺三角形。

**3つの直角三角形の面積の和は台形ACDEの面積に等しいから、**

$$\frac{ab}{2}\times 2+\frac{c^2}{2}=\frac{(a+b)\times(a+b)}{2}$$

$$\Rightarrow\quad ab+\frac{c^2}{2}=\frac{a^2}{2}+ab+\frac{b^2}{2}\quad\Rightarrow\quad a^2+b^2=c^2$$

**（証明終わり）**

（※上の証明では第2章の「数と式」で学ぶ $(a+b)^2=a^2+2ab+b^2$ の展開公式（160頁）を使っています。）

## なぜ「三平方の定理」を中学数学の最後に学ぶのか？

前述の通り、三平方の定理にはたくさんの証明方法があります。異なるアプローチから同じ結論に達するのは**論理的であることの醍醐味**です。

「三平方の定理」は中学数学のカリキュラムで最後に学ぶ単元です。それは、この定理が**中学数学の一つの到達点であると同時に、高校以降の深淵なる数学の世界をも垣間見せてくれる豊かさや美しさを持った定理**だからだと私は思っています。

それだけに古今東西の人々がこの定理に魅せられ、多くの証明方法が編み出されたのでしょう。

## 三角定規になっている「有名な直角三角形」の三辺の比

図 1-15 2つの「有名な直角三角形」

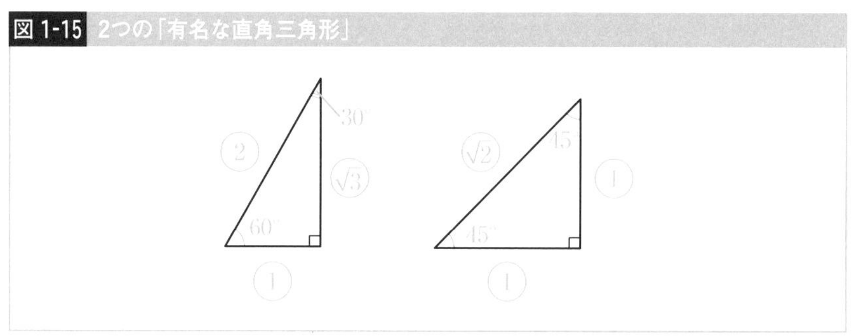


［図1-15］の2つの直角三角形は、三角定規にもなっている、言わば有名な直角三角形です。これらの三辺の比は上にある通りです。なお√（根号）については、第2章（169頁）で詳しく解説します。

「有名な直角三角形」の三辺の比は、高校数学における三角比や三角関数においても非常に重要ですので、証明を見ておきましょう。

## 三辺の比の証明

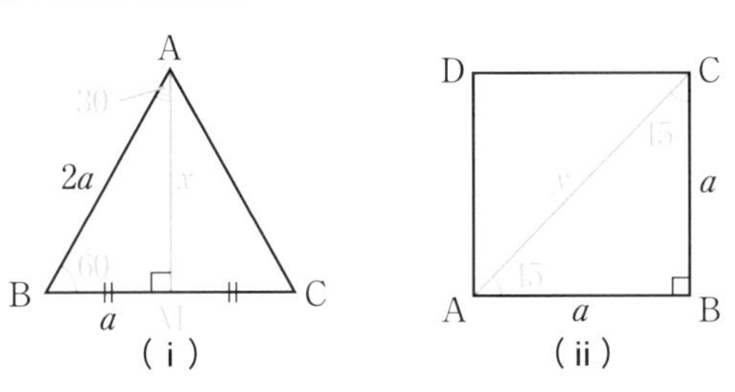


《証明》

**(30°・60°・90°直角三角形の三辺の比の証明)**

(i) で△ABCは1辺の長さが $2a$ の正三角形。

AからBCに垂線AMを下ろすと、MはBCの中点だからBM＝$a$

AMの長さを $x$ として、△ABMに三平方の定理を使うと

$$a^2+x^2=(2a)^2 \Rightarrow a^2+x^2=4a^2$$

$$\Rightarrow x^2=3a^2$$

$x>0$より、$x=\sqrt{3}a$

よって、

$$\text{BM}:\text{AB}:\text{AM}=a:2a:\sqrt{3}a=1:2:\sqrt{3}$$

**(45°・45°・90°直角二等辺三角形の三辺の比の証明)**

(ii) で四角形ABCDは1辺の長さが $a$ の正方形。

ACの長さを $y$ として、△ABCに三平方の定理を使うと

$$a^2+a^2=y^2 \Rightarrow y^2=2a^2$$

$y>0$より、$y=\sqrt{2}a$

よって、

$$\text{AB}:\text{BC}:\text{CA}=a:a:\sqrt{2}a=1:1:\sqrt{2}$$

**(証明終わり)**

# 「5」を特別扱いした古代ギリシャ人

## プラトンの立体（5つの正多面体）

古代ギリシャの人々は、ピタゴラスとその弟子たちの「万物の源は数である」の考えを受け継ぎ、数（整数）には霊的な資質があると考えました。中でも**「5」は調和とバランス、豊かさを象徴する神聖な数でした。**

なぜ彼らは5を特別扱いするようになったのでしょうか？　それは、宇宙に正多面体**は5種類しか存在しない**という事実に魅せられたからです。

正多面体とは、**どの面もすべて合同な正多角形**であり、**どの頂点にも面が同じ数だけ集まっている、凹みのない立体（凸多面体）**のことです。具体的には次の5つの立体のことを言います。

図 1-16 プラトンの立体(5つの正多面体)

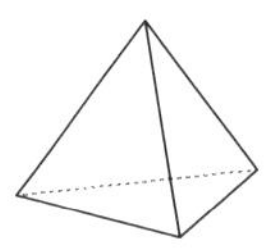
正四面体

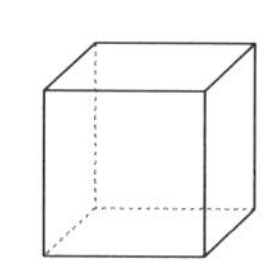
正六面体

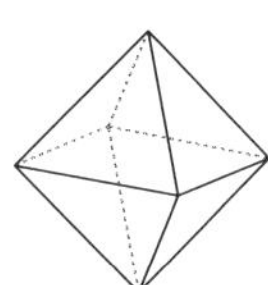
正八面体

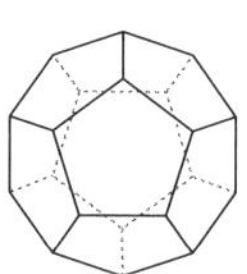
正十二面体

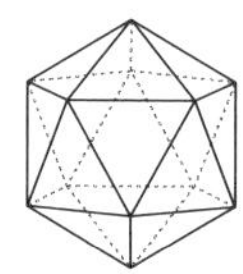
正二十面体

これらの正多面体のことをプラトンの立体と呼ぶことがありますが、古代オリエントでは既に正四面体、正六面体、正八面体の３つは知られていて、これに正十二面体と正二十面体を付け加えたのはピタゴラスだと言われています。

いずれにしても、プラトン（前427-前347）が、これらの立体を発見したわけではありません。それにもかかわらず5つの正多面体が「プラトンの立体」と呼ばれるのは、彼が著作の中でこれらを総合的に論じたからです。

プラトンはそれぞれの立体が、古代ギリシャにおける四大元素（火、土、空気、水）と宇宙を象徴すると考え、以下のように対応させました。

- **正四面体**：火を象徴。火の熱さと鋭さを表す
- **正六面体**：土を象徴。安定性と信頼性を表す
- **正八面体**：空気を象徴。飛ぶ能力と軽さを表す
- **正二十面体**：水を象徴。流動性と不確定性を表す
- **正十二面体**：宇宙を象徴。天体や宇宙の完全性を表す

こうしたアイデアは、**形状が本質的な性質や特性を表すことができるという、当時の幾何学と哲学の深いつながり**を示しています。

## 正多面体の頂点と辺と面の数（世界で2番目に美しい数式）

正多面体の頂点と辺と面の数と面の形を表にまとめます。

| | 頂点の数 | 辺の数 | 面の数 | 面の形 |
|---|---|---|---|---|
| 正四面体 | 4 | 6 | 4 | 正三角形 |
| 正六面体 | 8 | 12 | 6 | 正方形 |
| 正八面体 | 6 | 12 | 8 | 正三角形 |
| 正十二面体 | 20 | 30 | 12 | 正五角形 |
| 正二十面体 | 12 | 30 | 20 | 正三角形 |

頂点（vertex）の数を$V$、辺（edge）の数を$E$、面（face）の数を$F$とすると、どの正多面体でも**「$V-E+F=2$」**という関係式が成り立っています。実は、正多面体でなくても、**穴さえ開いていなければ、どのような多面体であっても同じ式が成立**します。この不思議な事実は、かの有名なオイラー（1707-1783）が発見しました。この数式は**「世界で２番目に美しい数式」**と呼ばれています（1番目はオイラーが発見した $e^{i\pi}+1=0$）。

## 凸多面体についての2つのルール

平面図形の正多角形（各辺の長さが等しく、内角の大きさがすべて等しい多角形）なら無数にあるのに、立体図形の正多面体はわずか５つしか無いなんて、不思議な感じがしませんか？

その仕組は、証明によってひも解くことができますが、証明に入る前に、凸多面体についての重要なルールを確認しておきましょう。それは次の2つです。

**《ルールⅠ》多面体の１つの頂点には、３つ以上の面が集まる**

**《ルールⅡ》１つの頂点に集まる角の和は360°未満**

《ルールⅠ》があるのは、多面体の頂点に集まる面が2つ以下では、立体の角をつくることができないからです。また、《ルールⅡ》があるのは、1つの頂点に集まる角の和が360°以上になると、平面になったり、凹みのある立体になったりしてしまうからです（[図1-17] 参照）。

**図 1-17** 1つの頂点に集まる角度の和が360°以上になると……

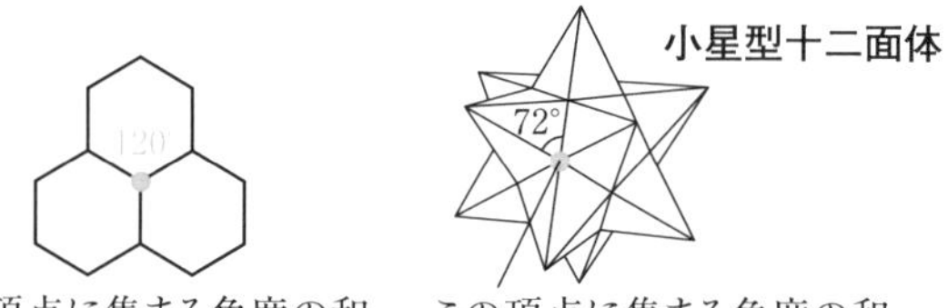

120°

この頂点に集まる角度の和

⇒ 120° × 3 = 360°

小星型十二面体

72°

この頂点に集まる角度の和

⇒ 72° × 6 = 432°

面の形が正6角形の場合、最低3つ集まっただけで、1つの頂点に集まる角度の和が360°になります。よって、**正5角形より角の多い正多角形を使って正多面体をつくることはできません。**正6角形以上の正多角形の内角は120°以上なので3つ集まると360°以上になってしまうからです。

## 正多面体が5つしかないことの証明

**《証明》**

以下、1つの頂点に集まる面の数を$n$とする。

凸多面体のルールⅠより、

$$n \geq 3 \quad \cdots ①$$

**（ⅰ）面の形が正三角形の場合**

1つの内角は60°なので、ルールⅡから

$$60° \times n < 360° \Rightarrow n < 6$$

①も考えると、$n = 3$、4、5

（$n = 3$：正四面体、$n = 4$：正八面体、$n = 5$：正二十面体）

**（ⅱ）面の形が正四角形の場合**

1つの内角は90°なので、ルールⅡから

$$90° \times n < 360° \Rightarrow n < 4$$

①も考えると、$n = 3$

（$n = 3$：正六面体）

**（ⅲ）面の形が正五角形の場合**

1つの内角は108°なので、ルールⅡから

$$108° \times n < 360° \Rightarrow n < 3.33\cdots\cdots$$

①も考えると、$n = 3$

（$n = 3$：正十二面体）

（ⅰ）～（ⅲ）より、正多面体は全部で5つしか存在しない。

**（証明終わり）**

面の形によってうまく場合分けするのがこの証明のポイントです。

# 立体の「見えない」部分を「見る」ためのルール

## 立体の切断面を考えるときのルール

立体をある平面で切ったときの切り口を考える問題を苦手にしている人は多いです。見取り図があったとしても、見えている面や辺の反対側はどうなるか、あるいは通る3点で決まる「切断面」がどのようになるかが想像しづらいからだと思います。でも、ルールさえつかんでしまえば決して難しくありません。

立体の切断面については、2つのルールがあります。

**《基本ルールⅠ》立体の各面にできる切り口の線は直線**
**《基本ルールⅡ》平行な2つの面の切り口は平行**

どちらも図で見れば、当たり前に感じられると思いますが、大事なことなので確認しておいてください。

## 立方体の切断の簡単なケース

**［図1-18］の（ⅱ）のような3点A、B、Cを通る平面で立方体を切断したときの切り口**を考えます。AとCは頂点、Bは辺の中点です。

まず《基本ルールⅠ》から（手順1）では、**同じ平面上の2点を直線で結びます。**ちなみに、AとCは立方体の同じ面にないので、直接結んではいけません。

次は《基本ルールⅡ》から（手順2）では**Aを通りBCと平行な直線を引きます。**ここで立方体の辺と交わる点をDとしましょう。最後にCとD

を直線で結ぶと、自然とABとCDは平行になりますね。この**四角形ABCDが求める切断面**です。ちなみに四角形ABCDはひし形です。

**図1-18** 立体の切断

(i)立体の切断を考えるときのルール

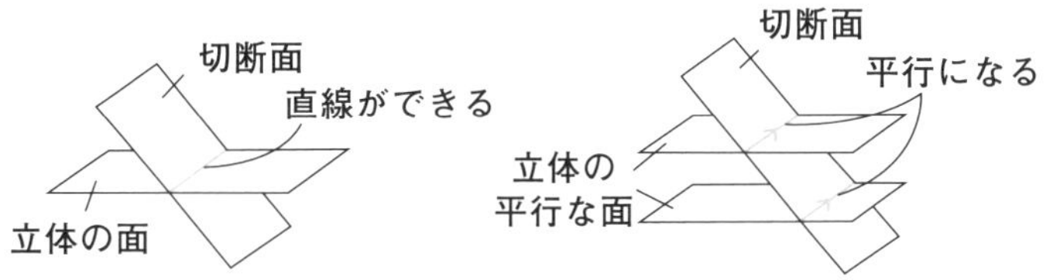


(ii)立方体の切断の簡単なケース

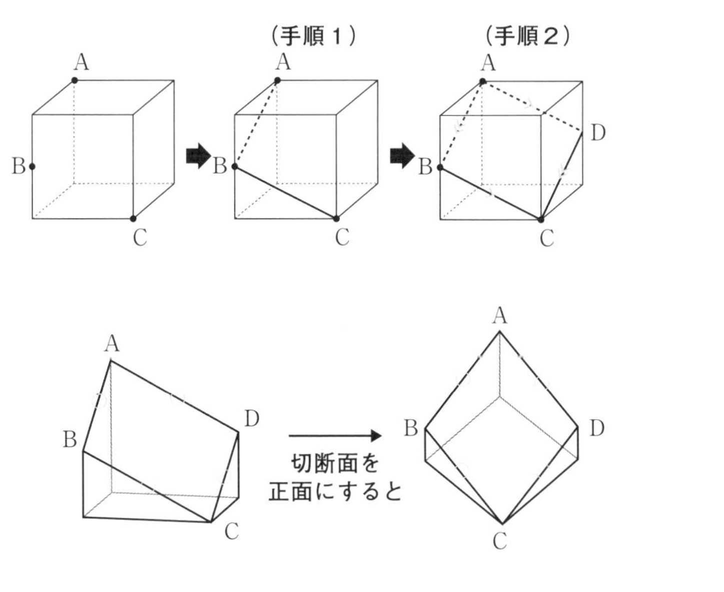

## 立方体の切断の難しいケース

今度は、難しいケースに挑戦してみましょう。

[図1-19]（ｉ）のような３点Ａ、Ｂ、Ｃを通る平面で立方体を切断したときの切り口を考えます。ＡとＢは辺の中点、Ｃは頂点です。

《基本ルールⅠ》から（手順１）では、**同じ平面上の２点を直線で結びます。**ここまでは簡単ですが、これ以上は基本ルールで引ける線はありません。Ａ、Ｂ、Ｃを通る平面が想像しづらいですね。

そこで、**より大きな立方体をイメージして、大きな三角形を作る**ことを考えます。具体的には次の通りです。

（手順２）と（手順３）で、**線分ＡＢを延長した直線と立方体の辺を延長した直線との交点を作ります。**それぞれをＰとＱにしましょう。

（手順４）で、Ｐ、Ｑ、Ｃを通る**大きな三角形を作ります。**

（手順５）では**△ＰＱＣと立方体の辺が交わる点に注目します。**交わる点をＤ、Ｅとします。

（手順６）では再び《基本ルールⅠ》から**同じ平面上の２点を直線で結びます。**こうして出来上がった**五角形ＡＢＤＣＥが求める切断面**です。

２つの基本ルールとこの方法を使いこなせば、立方体や直方体の切断問題はすべて解けますが、そもそもなぜこのような方法で切断面がわかるのでしょうか？

先ほど、「より大きな立方体をイメージして、大きな三角形を作る」と書きましたが、これは［図1-19］の《補足》のようなイメージです。**最初の立方体が大きな立方体の一部になっている**と思えば、上のような方法で切断面がわかる理由に納得してもらえるのではないでしょうか？

この問題は、立方体の切断問題としては難しいケースですが、基本ルールに従いながらいくつかの手順に分解することと、より大きな立方体をイメージするという俯瞰（観察）によって、解決します。「分解」と「俯瞰（観察）」は、いずれも数学において重要な視点です。

**図 1-19 立方体の切断の難しいケース**

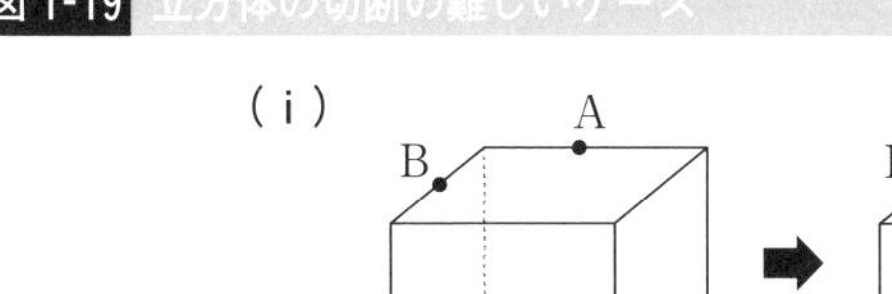


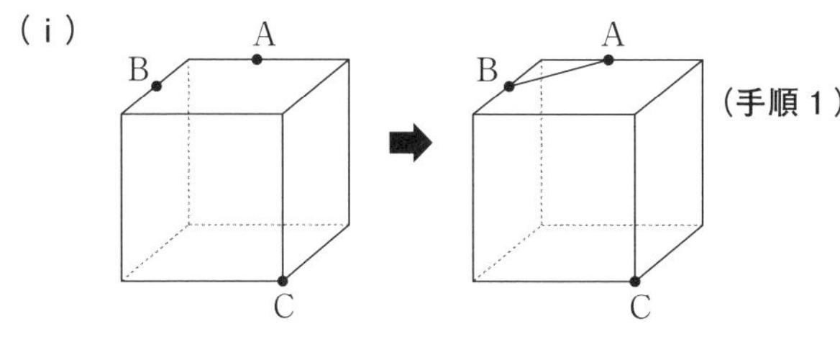


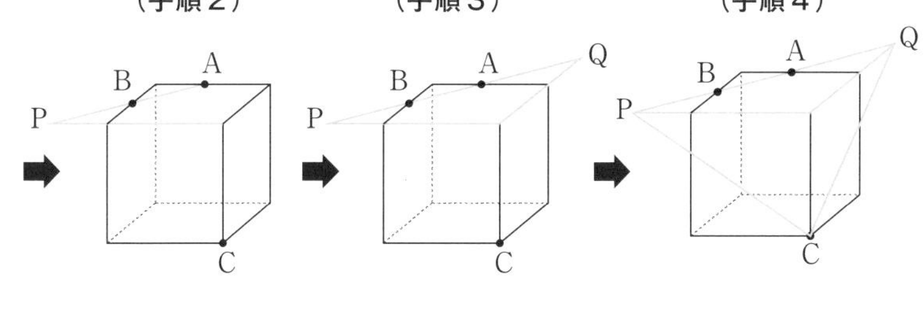


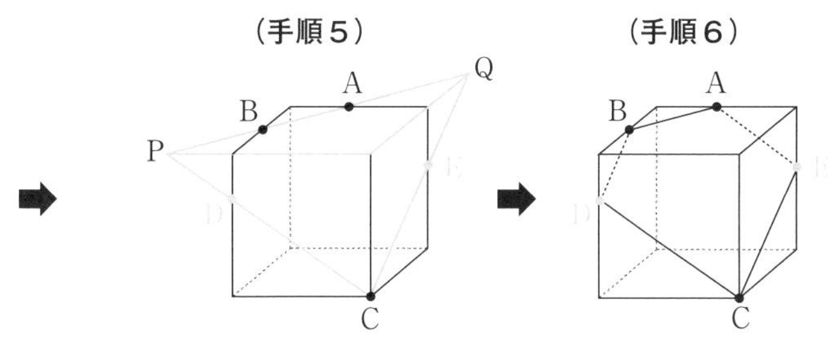


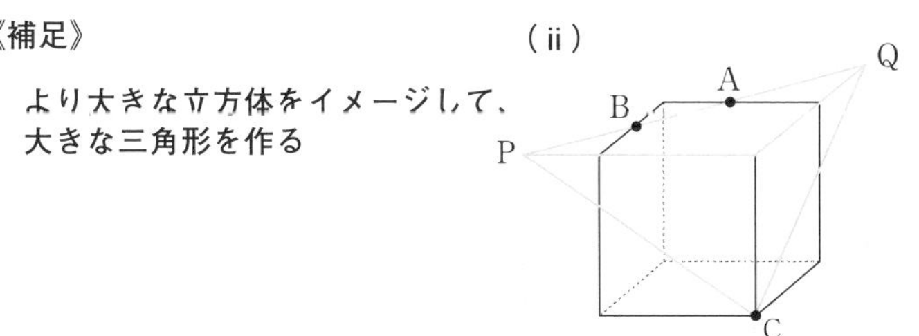


《補足》

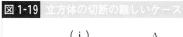

より大きな立方体をイメージして、大きな三角形を作る

# なぜ「〜錐」の体積は$\frac{1}{3}$なのか？

## アルキメデスが最も気に入っていた研究成果

古代ギリシャのアルキメデス（前287-前212頃）は、**ニュートン**（1642-1727)、**ガウス**（1777-1855）と並んで、世界3大数学者の１人に数えられています。お風呂に入っているときに浮力を発見して街中を裸で走り回ったことや、てこの原理を発見して「我に、てこと足場を与えよ。さすれば地球をも動かして見せよう」と豪語したエピソードなどで有名ですね。

そんなアルキメデスが最も気に入っていた研究成果は何かご存じでしょうか？　それは**「円柱とそれに内接する球は、体積も表面積も３：２になる」**というものです。

## 非業の死を遂げたアルキメデス

アルキメデスは、第二次ポエニ戦争の最中、ローマ軍の兵士によって刺し殺されてしまいました。実は、ローマ軍の将軍**マルケルス**は「アルキメデスを見つけたら殺すことなく連れてまいれ」と指示していたのですが、末端の兵士は正確な人相を知らなかったようです。

希代の天才数学者の死を嘆いたマルケルスは、「円柱に内接する球」を彫った墓石を作り、丁重に埋葬しました。

## カヴァリエリの原理

アルキメデスは**「限りなく細かく分割したものを足し合わせる」**という考え方で**円の面積**や**球の体積**を正確に求めました。古代ギリシャの時代に今日の積分の概念を先取りしていたのですから驚きです。

ヨーロッパにおいて、アルキメデスの**求積法**（面積や体積を求める方法）を受け継いだのは、天文学者としても有名な**ヨハネス・ケプラー**（1571-1630）でした。そのケプラーの影響を受け、**ガリレオ・ガリレイ**（1564-1642）の弟子でもあったボナヴェントゥーラ・カヴァリエリ（1598-1647）は、体積を求めるのに役立つある原理を発見しました。

それは、「**2つの立体において、一定の平面に平行な平面で切った切り口の面積がつねに等しければ、2つの立体の体積は等しい**」というカヴァリエリの原理です。

大根を思い浮かべてください。その大根を輪切りにして、改めて積み上げます。このとき、輪切りの大根を互いにずらして積み上げても（形は変わりますが）、体積は元の大根と変わりません。これがカヴァリエリの原理の言わんとする内容です。

**図 1-20 立体の体積に関する研究**

**【アルキメデスが最も気に入っていた研究成果】**

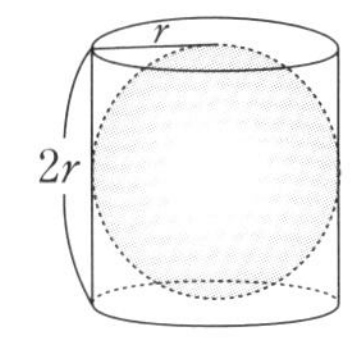


| | 円柱 | | 球 | |
|---|---|---|---|---|
| 体積 | $2\pi r^3$ | : | $\frac{4}{3}\pi r^3$ | $=3:2$ |
| 表面積 | $6\pi r^2$ | : | $4\pi r^2$ | $=3:2$ |

**【カヴァリエリの原理】**

すべての高さにおいて、
断面積が同じであれば、
２つの立体の体積は同じ。

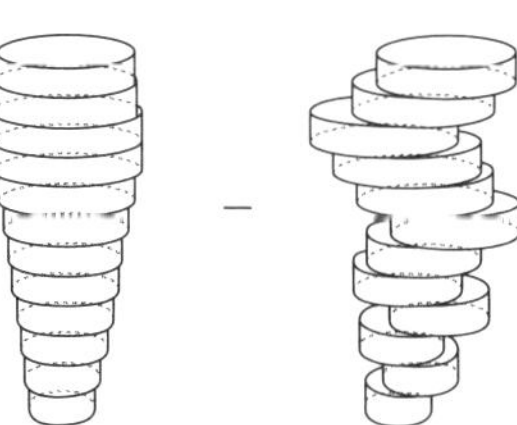


さあ、ではカヴァリエリの原理を使って、球の体積を求める公式を導いてみましょう。

## 球の体積の導出

［図1-21］で、Aは半径が$r$の半球です。一方、Bは底面の半径も高さも$r$の円柱から、底面の半径も高さも$r$の円錐をくり抜いた立体です。

実は、**カヴァリエリの原理**から、**AとBは体積が同じになります。**なぜなら、AとBは任意の（自由に選べる）高さaの平面で切ったときの断面（ブルーの部分）の面積がいつも等しくなるからです。

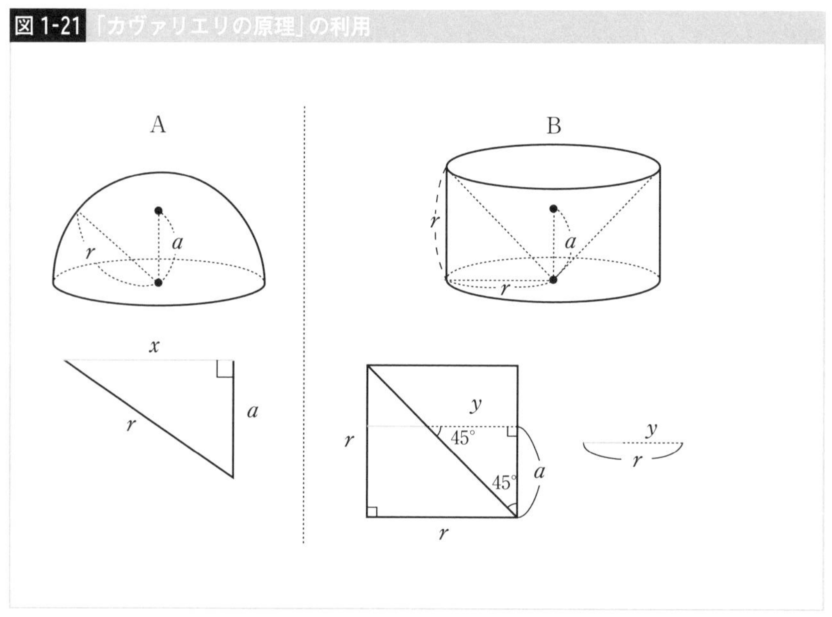


図1-21「カヴァリエリの原理」の利用

**《証明》**

Aのブルーの円の半径を$x$とおく。三平方の定理より

$$x^2 + a^2 = r^2 \ \Rightarrow\ x^2 = r^2 - a^2$$

よって、Aのブルーの円の面積は、

$$\pi x^2 = \pi ( r^2 - a^2) \quad \cdots ①$$

一方、Bのブルーのドーナツ状の図形の内径を $y$とすると、

［図1-21］より、$y=a$。よって、Bのドーナツ状の図形の面積は

$$\pi r^2 - \pi y^2 = \pi(r^2 - y^2) = \pi(r^2 - a^2) \cdots ②$$

①、②よりAとBを底面に平行な面で切った時の断面積は等しい。

**（証明終わり）**

ここで、立体Bの体積は円柱から円錐を除いたものなので

Bの体積＝円柱－円錐

$$= \pi r^2 \times r - \pi r^2 \times r \times \frac{1}{3} = \pi r^3 - \frac{1}{3}\pi r^3 = \frac{2}{3}\pi r^3$$

Aの体積（半径$r$の半球の体積）はBと同じなので、

半径$r$の球の体積＝Aの体積×2＝Bの体積×2＝$\frac{2}{3}\pi r^3 \times 2 = \frac{4}{3}\pi r^3$

## なぜ「～錐」の体積は×$\frac{1}{3}$なのか？

ところで、なぜ角錐や円錐の体積は×$\frac{1}{3}$をするのでしょうか？

このことは、立方体の内部に4本の対角線を入れたとき、内部にできる四角錐（[図1-22］のグレーの部分）の体積が、全体の6分の1になることからイメージはできると思います（厳密な証明ではありません）。

**図 1-22 なぜ「～錐」の体積は×$\frac{1}{3}$なのか？**

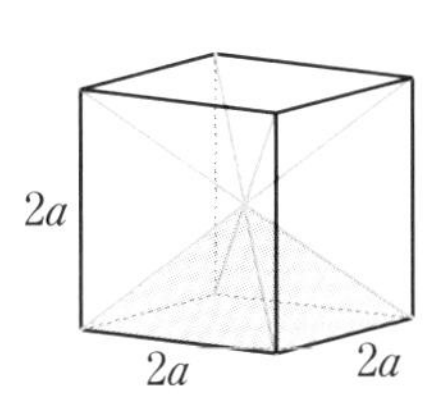


**四角錐の体積** $= (2a)^3 \times \frac{1}{6}$

$= \frac{8a^3}{6} = \frac{4a^3}{3} = 4a^2 \times a \times \frac{1}{3}$

$=$ **底面積** $\times$ **高さ** $\times \frac{1}{3}$

**※四角錐の底面積は**$4a^2$**、高さは**$a$

## 球の表面積の導出

最後に、**球の表面積が$4\pi r^2$**になることも説明しておきましょう。

［図1-23］のように、半径$r$、表面積Sの球から中心を頂点とする四角錐を切り出します（厳密には底面は球面の一部であり、平らではありませんが、四角錐と近似します）。四角錐の底面積ができるだけ小さくなるようにすると、この**四角錐の高さは、ほぼ球の半径$r$に等しい**です。

たとえば球を四角錐1000個に分解すると、1000個の四角錐の体積の合計は球の体積に等しく、底面積の合計は、球の表面積に等しいと言えます（以下、$S_1$〜$S_{1000}$は1000個の四角錐の底面積です）。

**図1-23　なぜ球の表面積は$4\pi r^2$なのか？**

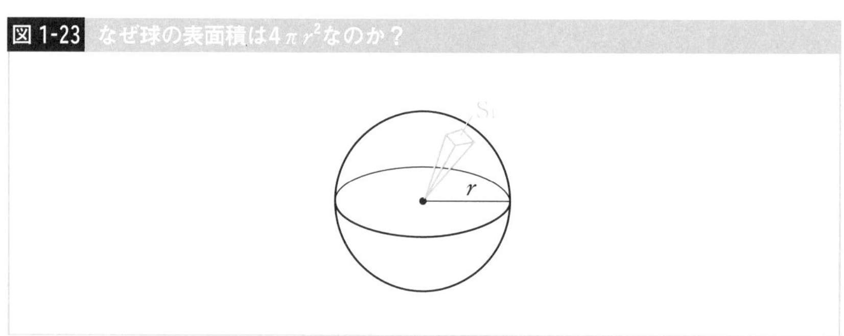


1000個の四角錐の体積＝球の体積

$$\Rightarrow \frac{1}{3}S_1 r + \frac{1}{3}S_2 r + \cdots\cdots + \frac{1}{3}S_{1000} r = \frac{4}{3}\pi r^3$$

$$\Rightarrow S_1 + S_2 + \cdots\cdots + S_{1000} = 4\pi r^2$$

両辺に$\times\frac{3}{r}$

⇒1000個の四角錐の底面積の合計＝$4\pi r^2$

⇒球の表面積＝$4\pi r^2$

この章の冒頭にも書いた通り、幾何学（図形についての数学）は、論理的思考力を磨くものです。この章の内容が理解できれば、こと「論理」に関しては自信を持ってもらって構いません。

# 第2章

# 数と式

# 数と式──交易の開始──

## 図形のギリシャ、計算のインド

第1章でお伝えしてきたように、古代ギリシャでは幾何学（図形）を通して論証数学が大きな発展を遂げました。しかし、彼らが主に扱ったのは長さや面積などの「量」に関する問題であり、数そのものを計算する技術はあまり発展しませんでした。加えてヨーロッパでは、自然観や宗教上の制約から取り扱える数の範囲に限界がありました。これらの制約は幾何学以外の数学の発展を遅らせる一因になったと言われています。

ローマ帝国の衰退後、西欧は長い暗黒時代に突入しましたが、それとは対照的に、非ヨーロッパ地域では交易が活発になっていきました。商取引が複雑になり、高度な計算が求められるようになります。

**インド**では、古くから数そのものに対する鋭い感覚と計算に強い数の表し方（十進法）がありました。0や負の数もヨーロッパよりうんと早くから受け容れられ、これらを含む計算の技術が発達しました。**イスラム世界**では、**代数学**（方程式に関する数学）の代名詞になった大家も現れました。

こうした非ヨーロッパ地域における代数学や他の数学分野の発展は、特定地域だけの孤立した現象ではありません。**異なる文明を結ぶ交易路の複雑な網の目によって互いに大きな影響を与え合っていたのです。**これらのルートはアイデアの交換のための導管として機能し、人間の集団的な努力の結晶として、数学は脈々と受け継がれていきました。

この章では、そんな非ヨーロッパ圏で大きく発展した負の数を含む計算や方程式の解法についてお伝えします。また、二次方程式を解くのに欠かせない因数分解や$\sqrt{\ }$の扱い方なども紹介します。

**図 2-0 第2章【数と式】の見取り図**

- **数と式**
  - **正の数と負の数**
    - 素数
    - 負の数の導入
    - (-1) × (-1) = (+1)
    - 四則の混じった計算
  - **文字式**
    - 文字式のイロハ
    - 文字式の利用
  - **一次方程式**
    - 等式の性質
    - 移項による解法
    - 一元一次方程式の利用（数訳）
  - **連立一次方程式**
    - 連立方程式の解き方
    - 連立方程式の利用（数訳）
  - **式の展開と因数分解**
    - 単項式と多項式の計算
    - 因数分解の意味
  - **平方根**
    - 平方根とは
    - √を含む計算
  - **二次方程式**
    - 因数分解による解法
    - 平方完成
    - 二次方程式の解の公式
    - 二次方程式の利用（数訳）

# 素数は最も貴重で最も不思議な数

## 素数とは

素数の定義はこうです。

素数……**1と自分自身以外では割り切れない2以上の整数**

たとえば、2や3や5は素数ですが、4は1と4以外に2でも割り切れるので素数ではありません。

素数以外の整数は「6＝2×3」のように、必ず素数の積（掛け合わせた数）で表せます。素数は文字通り数の素（もと）、「数の部品」なのです。

素数は英語では“prime number”と言います。“prime”は「最も重要な」という意味を持ちますから、**素数はあらゆる数の中で最も重要な数だと言えるでしょう。**それほど重要な数でありながら、小さい順に素数を探していくと、その表れ方はランダムに見えます。

素数についての研究は、古代ギリシャの時代から始まっていて、現在も盛んに研究されていますが、中でも素数の分布（表れ方）に規則性があるかないかについては、多くの数学者が関心を持っています。

紀元前200年頃、古代ギリシャの**エラトステネス**（前275頃‐前194頃）は、連続した自然数（正の整数）を一覧にした表で素数を探す方法を考案しました。**「エラトステネスのふるい」**と呼ばれるその方法を使って、100以下の素数を探す場合は右の図のようになります。

ところで、化学の元素に限りがあるように、素数にも限りがあるのでしょうか？　実は、**素数は無数にあります。**このことは**ユークリッド**（46頁）が背理法を使って証明しました。

**図 2-1 エラトステネスのふるい(100以下の素数を探す場合)**

【手順】

1)「1」は素数でないから、斜線を引く。

2)「2」に◯を付けて残す。2以外の2の倍数には斜線を引く。

3)残った数のうち最も小さい「3」に◯を付けて残す。
3以外の3の倍数には斜線を引く。

4)残った数のうち最も小さい「5」に◯を付けて残す。
5以外の5の倍数には斜線を引く。

5)残った数のうち最も小さい「7」に◯を付けて残す。
7以外の7の倍数には斜線を引く。

6)残った数にすべて◯を付ける。

⇒ ◯の付いた数が、素数。

| 1 | 2 | 3 | 4 | 5 | 6 |
|---|---|---|---|---|---|
| 7 | 8 | 9 | 10 | 11 | 12 |
| 13 | 14 | 15 | 16 | 17 | 18 |
| 19 | 20 | 21 | 22 | 23 | 24 |
| 25 | 26 | 27 | 28 | 29 | 30 |
| 31 | 32 | 33 | 34 | 35 | 36 |
| 37 | 38 | 39 | 40 | 41 | 42 |
| 43 | 44 | 45 | 46 | 47 | 48 |
| 49 | 50 | 51 | 52 | 53 | 54 |
| 55 | 56 | 57 | 58 | 59 | 60 |
| 61 | 62 | 63 | 64 | 65 | 66 |

•
•
•

| 1 | 2 | 3 | 4 | 5 | 6 |
|---|---|---|---|---|---|
| 7 | 8 | 9 | 10 | 11 | 12 |
| 13 | 14 | 15 | 16 | 17 | 18 |
| 19 | 20 | 21 | 22 | 23 | 24 |
| 25 | 26 | 27 | 28 | 29 | 30 |
| 31 | 32 | 33 | 34 | 35 | 36 |
| 37 | 38 | 39 | 40 | 41 | 42 |
| 43 | 44 | 45 | 46 | 47 | 48 |
| 49 | 50 | 51 | 52 | 53 | 54 |
| 55 | 56 | 57 | 58 | 59 | 60 |
| 61 | 62 | 63 | 64 | 65 | 66 |

•
•
•

## 素数の判定方法

前頁の「エラトステネスのふるい」は、なぜ、**7より大きい素数の倍数には斜線を引かない**のでしょうか？　それは、100以下の素数でない数はすべて$\sqrt{100}$（＝10）以下の素数の倍数だからです（$\sqrt{\ }$については169頁参照）。

一般に、**$n$が素数かどうかを判定するには$\sqrt{n}$以下の素数で割りきれるかどうかを調べれば十分**です。

その理由を99（素数ではありません）の約数で考えてみましょう。

$$99\div1=⑨⑨ \qquad 99\div⑨⑨=1$$

$$99\div3=③③ \qquad 99\div③③=3$$

$$99\div9=⑪ \qquad 99\div⑪=9$$

これを見ると、99の約数（99を割り切る整数）のうち、9より大きいもの（11、33、99）は、すべて9以下の数で99を割ったときの商（割り算の答え）に登場していることがわかります。一般に、ある数$N$が$a$で割り切れるとき、その商を$b$とすると、以下のようになります。

$$N\div a=b \quad \Rightarrow \quad N=a\times b$$

なので、**$b$も必ず$N$の約数になります。**よって、割り切れる数（約数）を調べたいときは、$a\leqq b$のケースだけを調べれば十分なのです。

このことは、$N$の約数（割り切れる数）を探すときには以下の範囲の$a$で割ってみれば良いことを意味します。

$$a\times a\leq a\times b=N \quad \Rightarrow \quad a^2\leq N \quad \Rightarrow \quad a\leq\sqrt{N}$$

## 素因数分解の手順

整数について調べるとき、最初に行うのが素因数分解です。素因数分解とは整数を素数の積で表すことを言います。ここでもまずは言葉の定義を確認しておきましょう。

因数……**整数が自然数の積で表されるときのその１つ１つの数**

素因数……**素数である因数**

素因数分解は、割り算の筆算を上下逆さにした形で行うと便利です。

**図 2-2 素因数分解**

**【手順】**

1) 割り切れる素数で次々に割っていく。

2) 割ったすべての素数と最後に残った素数で積をつくる。

```
2)72
2)36
2)18
3) 9
   3
```

$\Rightarrow\quad 72 = 2 \times 2 \times 2 \times 3 \times 3 = 2^3 \cdot 3^2$

注)「・」は「×」の省略記号(133頁参照)

## 「1」が素数に含まれない理由

素数の定義（110頁）には「1」が入っていません。その理由は、**素因数分解の結果を1通りに定めるため**です。もし「1」を素数に含めてしまうと、ひとつの整数が幾通りにも素因数分解ができることになります。

例）15＝3×5＝1×3×5＝1×1×3×5＝…

そうなると、**ひとつの整数とその整数の素因数分解の結果が1対1対応でなくなり、ある素因数分解の結果を調べても、もとの数を十全に調べたことにはならなくなってしまいます。**これは色々な場面で不便なので、「1」は素数に含めないのです。

# 「100万円の借金」は「−100万円の利益」

## 正の数、負の数とは

最初に、正の数と負の数の定義を確認しておきましょう。

正の数……**0より大きい数**

負の数……**0より小さい数**

なお、「0」は正の数でも負の数でもないことに注意してください。

歴史上、負の数が最初に登場したのは中国です。紀元前1世紀〜2世紀頃に書かれた『**九章算術**』という本に、負の数の計算についての記述があります。では、なぜ0より小さい数を「負の数」と呼ぶようになったのでしょうか？

「正」は「一」＋「止」の会意文字（２つ以上の漢字を組み合わせて、それぞれの意味を合成した文字）です。「一」は村や国、「止」は足跡を意味します。そこから**「正」には「敵の国に向かって直進する」＝「正しい」という意味が生まれました。**

一方の「負」は「人」＋「貝」の会意文字です。古代には貝殻が貨幣として使われていたため、「貝」は財産を象徴します。もともと「負」は人が財産を背負う様子を指していましたが、次第に重荷や厄介なものを背負うという意味に拡がりました。それがさらに進化して、**「敵国に背を向けて逃げる」＝「敗北」を表すようになりました。**

つまり**「負」は「正」とは逆の方向に進むことを意味します。**

数直線上で「→」の向きを正とすれば、「←」の向きは「負」であることから、**正の数（普通の数）とは反対向きに進む数を「負の数」と呼ぶようになった**わけです。

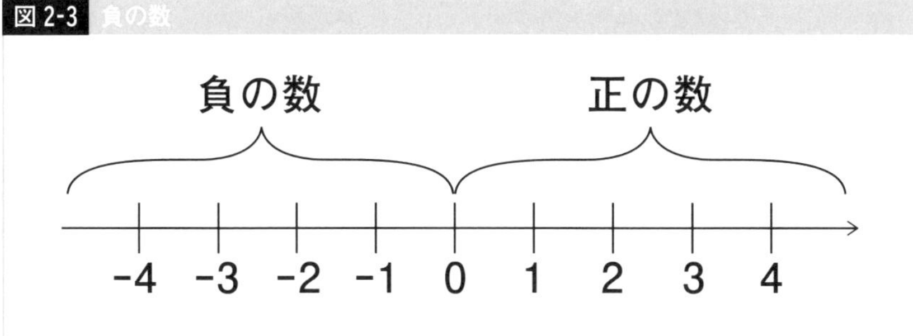

図2-3 負の数

## なかなか受け容れられなかった負の数

中国の次に「負の数」を使い出したのはインドです。インドでは6〜7世紀頃に、商人たちがたとえば**「100万円の借金」のことを「−100万円の利益」と表すようになりました。**

数学書としては、**ブラフマグプタ**（598-665頃）が著書『**ブラーマ・スプタ・シッダーンタ**』の中で初めて「0」や「負の数」を含む計算のルールを明記しました。そこには「無から切り離された負債は債権となる（0から負の数を引くと正の数になる）」のように記されています。

一方、ヨーロッパの数学者が負の数を受け容れたのは17世紀になってからで、それまで彼らは負の数の採用に抵抗を示し続けました。負の数が方程式の解として出現すると「無意味なもの」として排除していたのです。

英語の“negative number（負の数）”は、「否定する」という意味を持つラテン語の“negativus”に由来します。この語が選ばれた背景には、ヨーロッパが長い間、負の数に対して懐疑的だったという歴史があります。

負の数を単に「0より小さい数」と捉えるだけでは、負の数を含んだ計算、特に掛け算や割り算は理解できません。**負の数には、もっと豊かなイメージが必要**です。このあと、それを見ていきましょう。

## 負の数を使った表現

たとえば**平均より高いことを正の数、低いことを負の数で表す**ことにすると、平均点が60点のとき、90点は**＋30点**、40点は**－20点**と表せます。

114頁で紹介した負の数の語源からもわかるように、**負の数は、正の数とは反対の方向に進む数です。**このことはずっと念頭に置いてください。

正の数や負の数を使って、**位置を表すこともできます。**

今、東を正の方向とすれば、地点Oから東へ3kmの地点は「＋3km」、地点Oから西へ4kmの地点は「－4km」です。ここで「－4km」というのは**「東を正の方向にするとき、反対方向（西）へ4kmの地点」**という意味ですが、数学ではこれを「東に－4km」と表現します。日常語では、反対の性質を持つ数量は「高い」と「低い」、「東」と「西」のように2つの言葉を使って表しますが、負の数を使えば、その一方だけの言葉で表せます。

例）10cm低い　⇒　－10cm高い
10kg増えた　⇒　－10kg減った
南に10m　⇒　北に－10m
3分前　⇒　－3分後

## 数に方向が生まれる

**負の数を用いると、数の世界に「方向性」が加わります。**正の数だけを用いる場合、数は一方向にしか進みません。しかし、**負の数を導入することで数は「大きさ」だけでなく、「方向」も考慮する要素になります。**

最初は、負の数を使った表現を不自然に感じるかもしれませんが、その分、**数学的表現が豊かになります。**

負の数の導入は数の世界の拡張です。算数でも（正の）整数しかなかった世界に分数や小数を加え、数の世界を拡げてきました。数学の勉強を進めると随所でこのような「拡張」を経験します。**旧来の概念を否定すること無く、そこに新たな要素を加えることで、より多様で広範な対象を扱えるようになります。**楽しみにしていてください。

## 負の数がもたらす便利さ

**負の数を用いれば、対立する概念を１つのフレームワーク内で扱えます。**これは負の数の大きな魅力です。もし、ビジネスにおいて負の数が許されないと、利益と損失という２つの異なる概念を毎回考慮する必要があり、損益が目まぐるしく変動するケースでは計算や記録が煩雑になるでしょう。しかし、**100万円の損失を「－100万円の利益」のように考えれば、損益分岐点を原点とした一本の数直線上で売上や損益を一元的に議論できます。**

## 絶対値

負の数によって、数に方向性が加わるわけですが、ときには方向を無視して、その大きさだけに注目したいときもあります。そんなときに使うのが絶対値です。絶対値の定義はこうです。

絶対値……**数直線の原点からの距離を表す**

**数 $a$ の絶対値は $|a|$ と表し、**「絶対値 $a$」**と読む**

図 2-4 絶対値

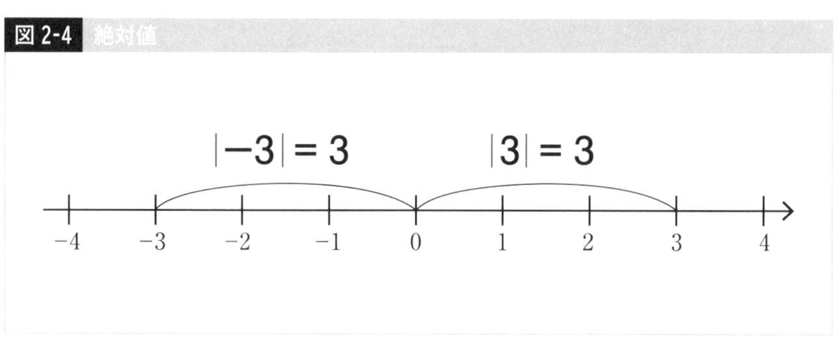


絶対値は「距離」を表すので、負の値にはなりません。結果として、**正の数の絶対値はそのまま、負の数の絶対値は「－（マイナス）」が取れます。**

# 極論、「引き算」はもう必要ない

## 負の数を含む加法（足し算）

ではいよいよ、負の数を含む計算についてみていきましょう。

負の数を含む計算は「習うより慣れよ」という側面があり、「いつの間にかできるようになった」という人は少なくありません。しかし、（たとえば子どもに）いざきちんと説明しようとすると厄介に感じることが多いのも事実です。

まずは足し算（加法）から始めましょう。常に**「負の数は正の数とは逆の方向に進む」**ことを意識するようにしてください。

また、**正の数を「利益」、負の数を「損失」**と考えることも理解を助けてくれます。

図 2-5 負の数＋負の数

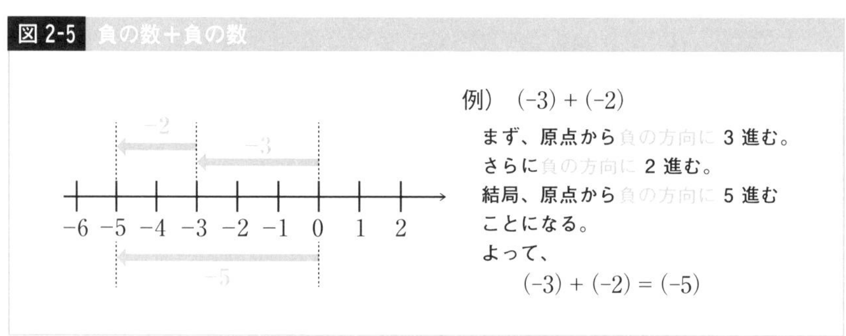

−2
−3
−6 −5 −4 −3 −2 −1 0 1 2
−5
例）(−3) + (−2)
まず、原点から負の方向に 3 進む。
さらに負の方向に 2 進む。
結局、原点から負の方向に 5 進むことになる。
よって、
(−3) + (−2) = (−5)


上の計算は「3万円の損失があるところに、さらに2万円の損失が生まれると、計5万円の損失になる」と理解することもできます。

**図 2-6 正の数＋負の数**

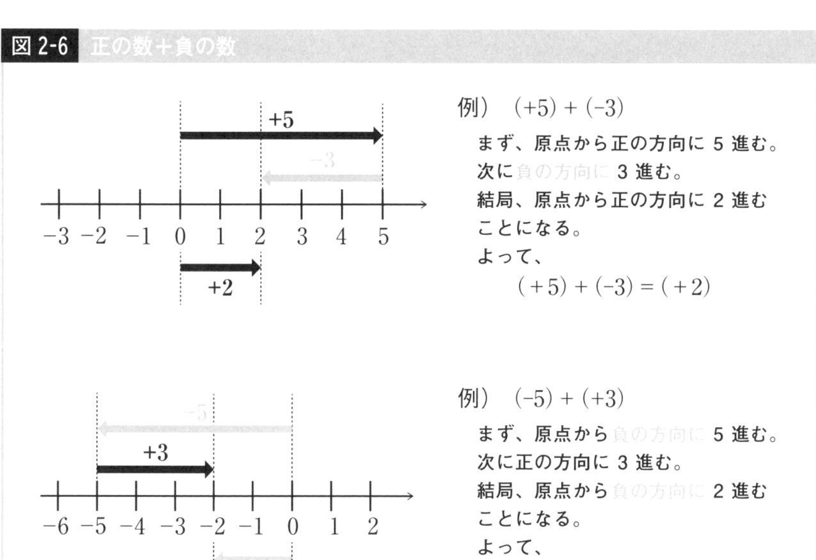

+5
−3
−3 −2 −1 0 1 2 3 4 5
+2
例） (+5) + (−3)
まず、原点から正の方向に 5 進む。
次に負の方向に 3 進む。
結局、原点から正の方向に 2 進む
ことになる。
よって、
(+5) + (−3) = (+2)
−5
+3
−6 −5 −4 −3 −2 −1 0 1 2
−2
例） (−5) + (+3)
まず、原点から負の方向に 5 進む。
次に正の方向に 3 進む。
結局、原点から負の方向に 2 進む
ことになる。
よって、
(−5) + (+3) = (−2)


$$\text{正の数＋負の数}=\begin{cases}\text{正の数（正の数の絶対値の方が大きいとき）}\\ \text{負の数（負の数の絶対値の方が大きいとき）}\end{cases}$$

となります。このことは次のイメージ通りです。

$$\text{利益＋損失}=\begin{cases}\text{利益（利益の方が大きいとき）}\\ \text{損失（損失の方が大きいとき）}\end{cases}$$

「正の数＋負の数」の計算手順をまとめておきます（［図2-7］参照）。

① 絶対値の大きい方の符号を採用

② 絶対値の差を取る

**図 2-7　正の数＋負の数の計算**

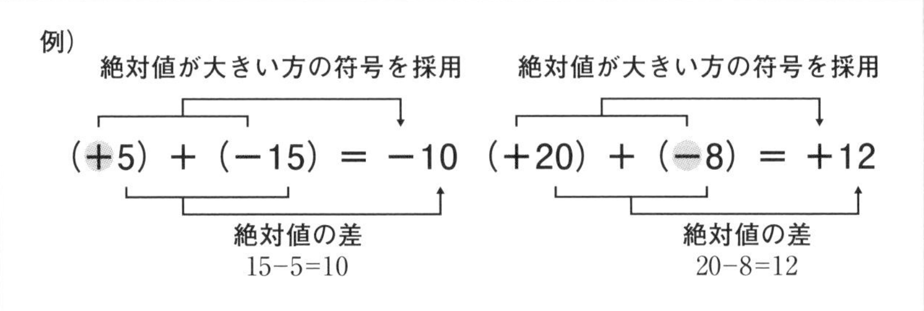

例）

絶対値が大きい方の符号を採用　　絶対値が大きい方の符号を採用

（＋5）＋（－15）＝－10　（＋20）＋（－8）＝＋12

絶対値の差
15−5=10

絶対値の差
20−8=12

## 負の数を含む減法（引き算）

**負の数を使えば、引き算も「足し算」というフレームワークの中で考えられます。**

たとえば「5－3＝2」の引き算は「5と3の差は2」という意味ですが、「3に2を足せば5になる」とも解釈できます。「5－3」は、「3＋□＝5」の□を求める計算であると言えるわけです。一般化しておきます。

$$a+\square=b \quad \Rightarrow \quad b-a=\square$$

これを使うと、［図2-6］で見た計算から次のように書けます。

$$(+5)+\boxed{(-3)}=(+2) \quad \Rightarrow \quad (+2)-(+5)=\boxed{(-3)}$$

ここで注意してほしいのは「(＋2)＋(－5)＝(－3)」である点です。すなわち、以下の式になります。

$$(+2)-(+5)=(+2)+(-5)=(-3)$$

同様に次の式でも表せます。

$$(-5)+\boxed{(+3)}=(-2) \quad \Rightarrow \quad (-2)-(-5)=\boxed{(+3)}$$
$$\Rightarrow \quad (-2)-(-5)=(-2)+(+5)=(+3)$$

結局、**正の数を引くことは、負の数を足すこと**であり、**負の数を引くことは、正の数を足すこと**と言えます。

文字を使ってまとめておきます。

$-(+a)=+(-a)$：正の数の引き算＝負の数の足し算
$-(-a)=+(+a)$：負の数の引き算＝正の数の足し算

## 引き算は必要ない？

極論を言えば、「引き算」はもう必要ありません。「5−3」は引き算ではなく「(+5) ＋ (−3)」という足し算であると考えられるからです。

このことは数式の表記にも表れています。

これまでは数に符号を付けてそれを（　）の中に入れ、（　）の外に足し算を示す「＋」や引き算を示す「−」を書いてきました。しかし、今後は足し算だけになるので、**足し算を表す「＋」は省略**します。たとえば次のように書きます（先頭や＝のすぐ後の数が正の時は＋は省きます）。

$$(+3)+(-4)+(+5)+(-9)=3-4+5-9$$

**「＋（プラス）」や「−（マイナス）」は計算記号ではなく、正の数か負の数かを示す符号であると考えるわけです。**

# なぜ$(-1)\times(-1)=(+1)$なのか？

## 負の数を含む掛け算

**負の数を含む掛け算（乗法）を理解するコツは「方向性」が感じられる数量を使う**ことです。ここでは「時間」と「速度」を使いましょう。

数直線を進むカメを想像してください。このカメの○時間後の位置を考えます。時間と速度の正の方向は以下のように決めます。

・時間の正方向……**時間の進む向き**　・速度の正方向……**東の方向**

**（ｉ）東に時速1kmで進むカメの1時間後の位置**

東に時速1kmで進むカメの速度は（＋1km/時間）です。

「速度×時間＝距離」より、**(＋1km/時間)×(＋1時間)＝＋1km**

**（ii）西に時速1kmで進むカメの1時間後の位置**

西に時速1kmで進むカメの速度は（－1km/時間）です。このカメの1時間後の位置は西に1km、すなわち－1kmの所なので

「速度×時間＝距離」より、**(－1km/時間)×(＋1時間)＝－1km**

**（iii）西に時速1kmで進むカメの1時間前の位置**

西に時速1kmで進むカメの速度は時速（－1km/時間)、「1時間前」は「－1時間後」と考えます。

「速度×時間＝距離」より、**(－1km/時間)×(－1時間)＝＋1km**

（ii）と（iii）から、$(-1)\times(+1)=(-1)$ と $(-1)\times(-1)=(+1)$ がわかります。この2つの計算は、引き落とし等で毎月1万円ずつ減っていく銀行残高の「1ヶ月後の残高は今より1万円少ない」とか「1ヶ月前の残高は今より1万円多い」と解釈するのもいいでしょう。

次項ではこれらの理解をさらに発展させていきます。

**図 2-8　カメの位置で負の数の掛け算を考える**

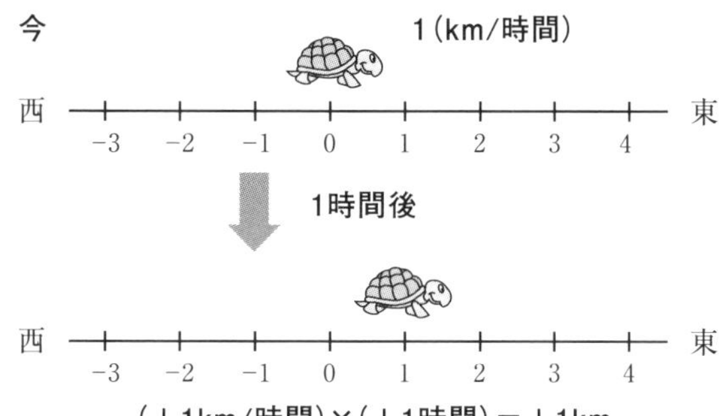
(ⅰ)東に時速1kmで進むカメの1時間後の位置
今
1(km/時間)
西
東
−3 −2 −1 0 1 2 3 4
1時間後
西
東
−3 −2 −1 0 1 2 3 4
(＋1km/時間)×(＋1時間)＝＋1km

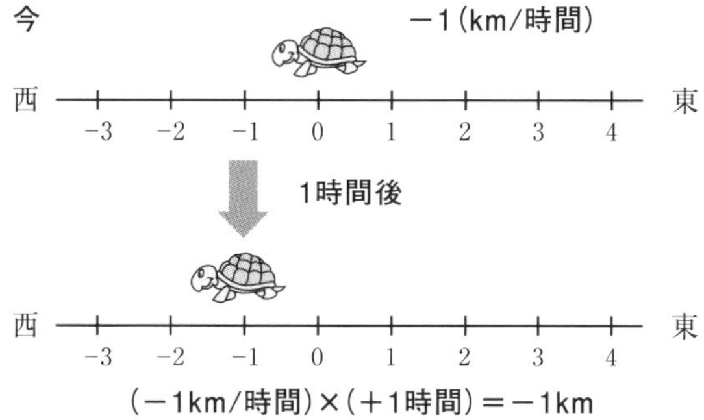
(ⅱ)西に時速1kmで進むカメの1時間後の位置
今
−1(km/時間)
西
東
−3 −2 −1 0 1 2 3 4
1時間後
西
東
−3 −2 −1 0 1 2 3 4
(−1km/時間)×(＋1時間)＝−1km

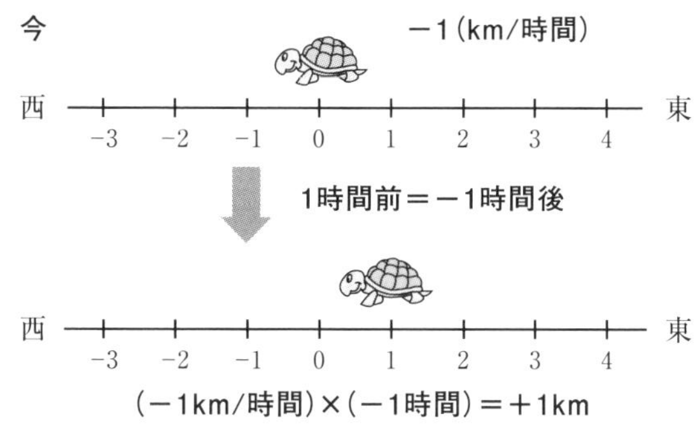
(ⅲ)西に時速1kmで進むカメの1時間前の位置
今
−1(km/時間)
西
東
−3 −2 −1 0 1 2 3 4
1時間前＝−1時間後
西
東
−3 −2 −1 0 1 2 3 4
(−1km/時間)×(−1時間)＝＋1km

## 「正の数×負の数＝負の数」、「負の数×負の数＝正の数」を理解する

前項でわかった（−1）×（＋1）＝（−1）をさらに別の側面から２通りに解釈してみましょう。

まずこの式は、**「ある数に（＋1）を掛けても変わらない」という（＋１）の性質**を表していると考えることもできます。

ところで、数を矢印で表すと（＋1）と（−1）は長さ（絶対値）は同じですが、向きは逆になります。そこで（−1）×（＋1）＝（−1）を**「ある数に（−1）を掛けると、矢印の向きが180°回転する」**と考えてみてください（[図2-9] 参照）。これは、理系の高校３年生が学ぶ**複素数平面**に通じる本質的な考え方です。

この考え方を使えば（−1）×（−1）＝（＋1）も、負の方向を向いている「−1」の矢印に（−1）を掛けて180°回転させれば正の向きを向く「＋1」の矢印になる、と理解できます。

（＋3）×（−1）＝（−3）や（−2）×（−1）＝（＋2）も同様です。

**図 2-9** ×（−１）は、180°回転

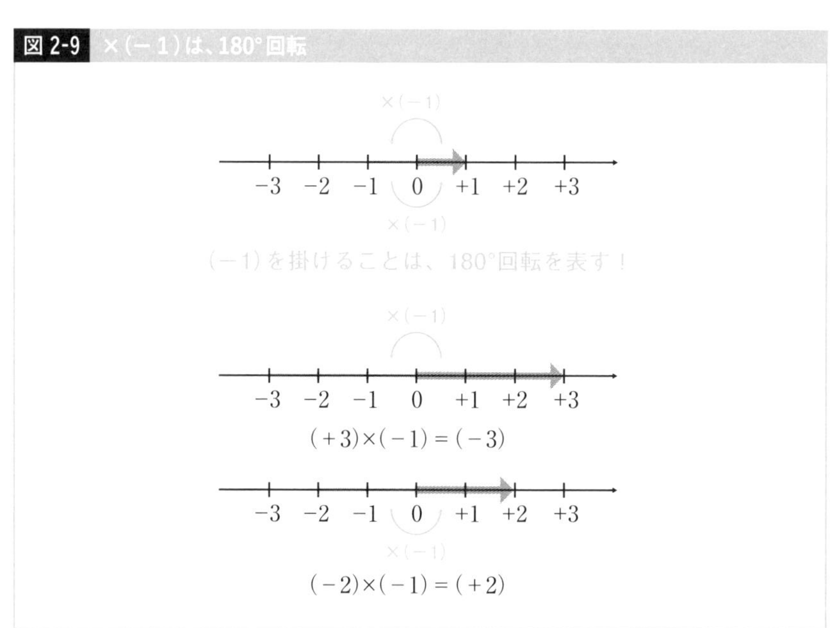

では $(+3)\times(-2)$ のように「$-1$」を含まない掛け算はどのように理解したらよいのでしょうか？　この場合は、次のように考えます。

$$(+3)\times(-2)=(+3)\times(+2)\times(-1)=(+6)\times(-1)=(-6)$$

「$-2$」は「$+2$」に $(-1)$ を掛けて向きを180°回転したものであると考えて、「$-2$」を $(+2)\times(-1)$ に分解するところに注目してください。そうして、先に $(+3)\times(+2)$ を計算してから、最後に $(-1)$ を掛けて改めて180°回転させるのです。同様に $(-3)\times(-2)$ は次のようになります。

$$\begin{aligned}(-3)\times(-2)&=(+3)\times(-1)\times(+2)\times(-1)\\&=(+3)\times(+2)\times(-1)\times(-1)\\&=(+6)\times(+1)\\&=(+6)\end{aligned}$$

以上の具体例を抽象化すると、次のようになることがわかります。

**正の数×負の数＝負の数**
**負の数×正の数＝負の数**
**負の数×負の数＝正の数**

結局、負の数はいつも「正の数×$(-1)$」と分解できて、$(-1)$ の数だけ180°回転することになりますから、**負の数を含む掛け算**は、**まず絶対値の積を計算し**、次のように整理しておけば簡単です。

**負の数を奇数個含むとき……答えの符号は－**
**負の数を偶数個含むとき……答えの符号は＋**

# 四則の混じった計算

## 累乗とは

たとえば「5×5×5」は「$5^3$」と表し「5の3乗（じょう）」と読みます。このように**同じ数をいくつか掛け合わせたもの**をその数の累乗と言います。

非常に便利な記号ですから、積極的に使っていきましょう。

ちなみに面積を「$cm^2$」や「$m^2$」と表すのは、「縦×横」で求める面積はcmやmを2回掛けた量だからです。

なお、「$5^3$」と表したときの「3」を指数と言い、**掛け合わせた同じ数の個数**を表します。余談ですが指数が変数を表す$x$に変わると、高校で学ぶ**指数関数**になります。

## 逆数とは

序章で「分数の割り算はひっくり返す」理由をじっくりおさらいしました（30頁）。このことは、整数の割り算でも同じように考えられます。つまり、次の式のように考えられるわけです。

$$10 \div 2 = 10 \div \frac{2}{1} = 10 \times \frac{1}{2} = \frac{10}{2} = 5$$

ところで、数学では2と$\frac{1}{2}$のように**積（掛け合わせた結果）が「1」になる数の一方を他方の**逆数と言います。

$$\frac{3}{4}\times\frac{4}{3}=1 \quad \Rightarrow \quad \frac{4}{3}\text{は}\frac{3}{4}\text{の逆数}$$

$$(-3)\times\left(-\frac{1}{3}\right)=1 \quad \Rightarrow \quad -\frac{1}{3}\text{は}-3\text{の逆数}$$

## 負の数を含む除法

逆数を使えば、割り算（除法）は掛け算（乗法）に変換できるので、負の数を含む割り算については、新しいことは何もありません。結局、**ある数で割ることは、その数の逆数を掛けることと同じです。**

$$12\div(-3)=12\times\left(-\frac{1}{3}\right)=-\frac{12}{3}=-4$$

$$(-6)\div(-10)=(-6)\times\left(-\frac{1}{10}\right)=\frac{6}{10}=\frac{3}{5}$$

## 四則の混じった計算

ここまでのおさらいとして、四則（足し算、引き算、掛け算、割り算の4つの算法のこと）が混じった負の数の計算をやってみましょう。

**計算の優先順序が（　）→累乗・掛け算・割り算→足し算・引き算**であることに注意してください。

$$(-7+9)\div\boxed{\left(-\frac{1}{2}\right)^2}+12\times\left(\frac{1}{3}-\frac{1}{2}\right)=2\div\boxed{\frac{1}{4}}+12\times\frac{2-3}{6}$$

$$=2\times4+12\times\left(-\frac{1}{6}\right)$$

$$=8+(-2)$$

$$=6$$

# なぜ0で割ってはいけないのか？

## 0で割ってはいけない理由

数学には**「0で割ってはいけない」**というルールがあります。例外はありません。算数ではあまり意識しないと思いますが、数学では文字を含む式の変形なども頻繁に行われるため、その途中に0で割るというプロセスが入り込まないように注意する必要があります。

ではなぜ、0で割ることが禁止されているのでしょうか？　それは、**0で割ることを許すと明らかにおかしな結論が得られてしまうから**です。例を挙げましょう。

$$2\times3=6 \quad \Leftrightarrow \quad 2=6\div3$$

上の式と同じように、次の式ができることにします。

$$2\times0=0 \quad \Leftrightarrow \quad 2=0\div0$$
$$3\times0=0 \quad \Leftrightarrow \quad 3=0\div0$$
$$4\times0=0 \quad \Leftrightarrow \quad 4=0\div0$$

すると、次のようになります。

$$0\div0=2=3=4$$

結果、「2=3=4」という、明らかに間違った結論が得られてしまいます。

言うまでもなく**数学が最も大事にしているのは、論理的厳密性です。**古代ギリシャの時代から現代に至るまで、無数の数学者が、曖昧さのない精緻な表現を用いて、一貫した議論を積み上げてきました。国が変わっても時代が移っても、たとえ人類が滅亡したとしても、未来永劫揺るぐことのない論理体系を完成させようとしています。

それは、極めて頑丈なブロックを積み上げて、決して崩れない堅牢な城を建設しようとするようなものです。そういう目的がある以上、途中に脆弱なブロックを使うわけにはいきません。

しかし「0で割ること」はそういう脆弱なブロックを使うことに相当します。これが許されると、今までの苦労が無駄になってしまうでしょう。だからこそ、0で割ることは禁止されているのです。

## 0で割ると何が起きる？

たとえばコンピュータがプログラム上で0で割り算をしようとすると、多くのコンピュータはエラーに繋がり、時折未処理のままプログラムが中断することになります。

実際、こんなことがありました。1997年、アメリカの誘導ミサイル巡洋艦USSヨークタウンは、搭載コンピュータが0による割り算を行ったために、全システムがダウンしてしまい、2時間30分にわたって航行不能に陥りました。後の報告によると搭載コンピュータのOSであったWindows NTそのものにあった0を過剰認識して0による割り算を起こすエラーにより、回線がパンクしてしまったことが原因だったとのことです。

もし、これが飛行機の搭載コンピュータであったなら、きっと乗組員の命はなかったことでしょう。もう一度念押しします。**0で割ってはいけません！**

# 非ヨーロッパで発展した「代数」

## algebra（代数学）の語源

**数字の代わりに文字を使う数学**、とりわけ「方程式」について研究する分野の数学を日本語では代数学と言いますが、英語では“algebra”と言います。この用語は、イスラム世界に突如彗星のごとく現れた天才アル＝フワーリズミー（780頃-850頃）の書いた『**ヒサーブ・アル＝ジャブル・ワル＝ムカーバラ**』という本のタイトルにある「**アル＝ジャブル**」に由来します。一冊の本のタイトルが、数学の一分野を表す一般名詞になったわけです。

「アル＝ジャブル」は直訳すると「回復」とか「補完」という意味であり、数学的には等式の両辺に同じ数を加える手法を指します。また「ワル＝ムカーバラ」は「つりあいを取る」が原義ですが、ここでは等式の両辺から同じ数を引く手法を意味します。ちなみに、現代ではこの2つの方法は移項という考え方にまとめることができます（移項については後ほど詳しく解説します）。

## フワーリズミーの著作が代名詞になった理由

ある式に含まれる未知数を求める方法（方程式の解法）を研究した数学者は、フワーリズミー以前にもいました。3世紀のアレクサンドリアのディオファントス（250頃）、5〜6世紀のインドのアーリヤバタ（476-550頃）やブラフマグプタ（598-665頃）などが有名です。

でも、彼らの書いた書物は方程式を研究する分野の代名詞にはなりませんでした。

フワーリズミーは方程式の研究においてパイオニアというわけではなかったかもしれません。しかし、**特に二次方程式の解法を完全に網羅し、体系的にまとめあげたという点では先人を大きく凌駕した**と言えます。

そして何よりも彼が優れていた点は、**どんな方程式も彼の方法に従えば機械的に解けるという点です。**

そもそも**数学はいつも普遍的な真理を追い求めます。**すべての三角形にあてはまる性質、すべての偶数について成り立つ真理を探すのが数学です。**フワーリズミーは、人類で初めて方程式の解き方を普遍化することを目指し、それに成功した人物である**と言えます。

『ヒサーブ・アル＝ジャブル・ワル＝ムカーバラ』が教科書として、16世紀になるまで、イスラム世界やヨーロッパで読まれ続けた理由はここにあります。

方程式について学ぶ教科書として何百年もの間、独占的に使われた本のタイトルが、方程式を扱う分野の代名詞的に使われるようになったのはごく自然なことでしょう。現代でも、ウォシュレット（温水洗浄便座）やバンドエイド（絆創膏）のように、独占的なシェアを持つ商品の名前が一般名詞のように扱われることは少なくないですね。それと似ています。

## 「代数学」の語源

ちなみに代数学という名称は、19世紀の中国人数学者の**李善蘭**（1810-1882）とイギリス人宣教師の**アレクサンダー・ワイリー**（中国名：偉烈亜1815-1887）が、同じくイギリス人で「ド・モルガンの法則」でも有名な**オーガスタス・ド・モルガン**（1806-1871）の書いた『Elements of algebra』という本を中国語に訳した際に『代数学』と名付けたのが最初です。

**方程式を解く手順を普遍化する鍵は数字の代わりに文字を使うことにあると見抜いた上での名訳**だと思います。

# 意外と浅い「+、−、×、÷」の歴史

## 計算記号は大航海時代の産物？

私たちが日常的に使用している「+」「−」「×」「÷」といった計算記号がいつから使われ始めたのか、ご存じでしょうか。実は、これらの記号が使われ始めたのは意外と最近です。**「+」と「−」は15世紀末に、そして「×」と「÷」は17世紀に入ってから普及しました。**

今から500年ほど前、ヨーロッパは**大航海時代**を迎え、船による商業活動が盛んになりました。当時はレーダーのような先進技術がなかったため、見渡す限りの大海原で船の位置を特定するには、天体観測に基づいた計算が不可欠でした。まさに天文学的な数値計算が必要だったわけです。

計算記号が生まれた背景には、長大な計算を少しでもラクにしたいという切実な思いがあったのでしょう。

## 「+」と「−」の起源

「+」と「−」の起源は諸説ありますが、**もともとは船乗りたちが使った印だった**という説をご紹介しましょう。

船乗りたちは、船内に備えられた樽から水を使ったときに、どこまで使ったかがわかるように、樽に横棒の「−」を書いていました。その後、樽に水を注ぎ足したときには、横棒の上に縦棒を足した「+」を書いたそうです。

**水が減ったときに使った「−」と、増えたときに使った「+」がそれぞれ引き算と足し算を表す記号になった**というのが船乗り起源説です。

## 「×」の起源

「×」はイギリスのウィリアム・オートレッド（1574-1660）という数学者が1631年に著書の中で使ったのが最初です。ただし、形の由来には諸説あり、**キリスト教の十字架を斜めにしたという説と、スコットランドの国旗から形を取ったという説**とがあります。

掛け算を表す記号には「・」もあります。

実は、掛け算を表す「×」はヨーロッパではあまり普及しませんでした。ドイツのゴットフリート・ライプニッツ（1646-1716）は、ある手紙にこう書いています。「私は、掛け算の記号として『×』を好まない。容易に『$x$』と間違えてしまうからだ。私は、掛け算をあらわすのに『・』を使いたいと思う」

当時はこういう意見が主流だったそうです。その後、タイプライターやパソコンが普及してからは、掛け算を表す「×」はますます使われなくなっていきました。特に印刷では、ライプニッツの言う通り、「×」と「$x$」は非常に紛らわしいからです。ちなみに表計算ソフトやプログラムなどで掛け算を打ち込むときは「＊（アスタリスク）」を使います。

## 「÷」の起源

「÷」は、1659年にスイスのヨハン・ハインリッヒ・ラーン（1622-1676）という数学者が著書の中で使ったのが最初です。**分数表記を抽象化した**のが起源だと言われています（32頁参照）。

「÷」はその後、アイザック・ニュートン（1642-1727）などが好んで使ったことからイギリスを中心に広まりました。

割り算を表す記号には「／（スラッシュ）」や「：（コロン）」もあります。

実は「÷」が一般的に使われている国はそう多くありません。イギリス、アメリカ、日本、韓国、タイなどの一部の国に限られます。多くの国は「／」を使い、ドイツやフランスでは「：」が使われています。

# なぜ文字式を使うのか？

## もう一人の「代数学の父」

フワーリズミーと並んで「代数学の父」と呼ばれている数学者がもう1人います。16世紀にフランスで活躍したフランソワ・ヴィエト（1540-1603）です。ヴィエトは人類で初めて**数を1つの文字で表しました。**

前節で紹介したように、計算記号が発明されたのは15世紀末以降です。それまでの方程式は私たちに馴染みの深い「$2x+1=5$」のようなものではなく、「あるものを2倍して、1を足したら5になる」のような文章でした。

ヴィエトは、未知数には母音の「A、I、O、U、Y」を、既知数には子音の「B、D、G」などを使うように提唱しました。ちなみに、未知の量に「$x$、$y$、$z$…」、既知の量に「$a$、$b$、$c$…」などを使ったのは**ルネ・デカルト**（1596-1650）が最初です。

## 文字式とは

$a$や$x$などの文字を使った式のことを文字式と言います。

数学で文字式を使う一番の理由は抽象化です。**抽象化とは具体的な数値や解法などを色々な問題に応用できるように一般化すること**を言います。たとえば66頁で紹介した「多角形の内角の和」も「$n$」という文字を使って、$n$角形の内角の和を「$180\times(n-2)$」（×は省略可）と表しておけば、任意の多角形の内角の和が求められます。

**文字式による抽象化は数学において不可欠な要素であり、その多様性と普遍性を高めている**と言えるでしょう。

## 文字式のルール

以下に、文字式のルールをまとめておきます。

**①乗法の記号「×」を省く**

$$a \times b = ab$$

**②文字と数の積では、数を文字の前に書く**

（2種類以上の文字があるときは、特別な理由がない限り、アルファベット順にする。円周率を表す$\pi$はアルファベットの前に置く）

$$b \times 5 \times a = 5ab、r \times 2 \times \pi = 2\pi r$$

**③同じ文字の積では、指数を使って書く**

$$a \times a \times a = a^3$$

**④除法の記号「÷」は使わず、分数の形で書く**

$$x \div 2 = \frac{x}{2}$$

注）なお、「$\frac{x}{2}$」は「$\frac{1}{2}x$」と表しても構いません。

例1）$a \times (-2) + b \div 3 = -2a + \frac{b}{3}$

例2）$(x \div 5 - y \times 2) \times 4 = 4\left(\frac{x}{5} - 2y\right)$

# 文字式の計算と利用

## 項と係数

たとえば「$2x+1$」という式において**加法の記号「＋」で結ばれた部分**すなわち「$2x$」と「1」をそれぞれ式「$2x+1$」の項と言います。

また文字を含む項「$2x$」において、数の部分の「2」を$x$の係数と言います。

なお「$5y-7$」は「$5y+(-7)$」と表せることから、式「$5y-7$」の項は「$5y$」と「$-7$」です（「$5y$」と「7」ではありません）。

## 加法（足し算）、減法（引き算）

図 2-10 同類項をまとめる

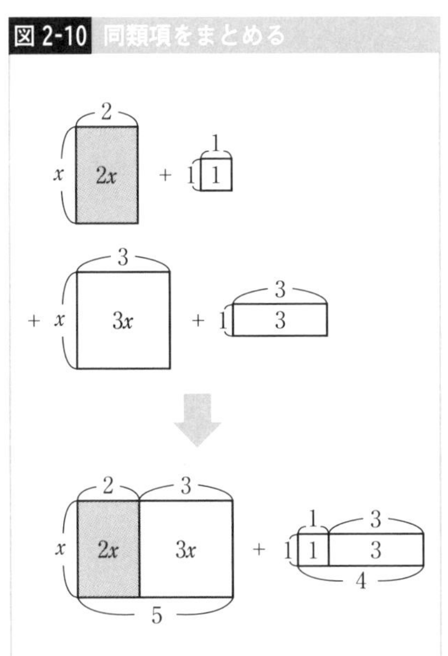


「$(2x+1)+(3x+3)$」という計算を面積で考えてみましょう。

［図2-10］を見ると、面積が「$2x$」と「$3x$」の長方形は、縦の長さがどちらも$x$なので、縦が$x$、横が5（＝2＋3）の長方形の面積にまとめられます。面積が「1」と「3」の長方形は、合わせると縦が1、横が4の長方形になりますね。

結局、次のように計算できることがわかります。

$$
\begin{aligned}
(2x+1)+(3x+3) &= 2x+1+3x+3 \\
&= 2x+3x+1+3 \\
&= (2+3)x+1+3 \\
&= 5x+4
\end{aligned}
$$

「$2x$」と「$3x$」のように、文字の部分が同じ項を同類項と言います。文字式の加法では、**同類項は係数どうしを足してまとめることができます。**ちなみに、「$2x^2$」と「$3x$」は同類項ではありません。「$2x^2$」は「$2\times x\times x$」であり、たとえば「縦×横×高さ」で求まる体積と見なすことができますが、「$3x$」の方は面積と見なせるため、両者をまとめることはできないからです。

一方、文字式の減法は**符号を反対にして加法に直すことができます。**

$$
\begin{aligned}
(3x-1)\boxed{-(5x+2)} &= (3x-1)\boxed{+(-5x-2)} \\
&= 3x+(-1)+(-5x)+(-2) \\
&= 3x+(-5x)+(-1)+(-2) \\
&= \{3+(-5)\}x+(-1)+(-2) \\
&= -2x+(-3) \\
&= -2x-3
\end{aligned}
$$

「3」を引くことは「−3」を足すことと同じだったように、**「$5x+2$」を引くことは、「$-5x-2$」を足すことと同じ**であることに注意しましょう。

文字式の計算をどのようにするべきか不安になったら、上のようにすべての項を「+」でつないでみるとわかりやすくなると思います。そうして慣れてきたら、適宜省いてください。

## 乗法（掛け算）、除法（割り算）

次は乗法と除法です。乗法は、省略した「×」を復活させれば、どう計算すべきかが見えてきます。また、**除法は逆数の掛け算と考えましょう。**

(1) $5a\times2=5\times a\times2$

$=5\times2\times a$

$=10\times a$

$=10a$

(2) $2(3a+4)=2\times(3a+4)$

$=2\times3a+2\times4$

$=2\times3\times a+8$

$=6\times a+8$

$=6a+8$

分配法則
$a\times(b+c)$
$=a\times b+a\times c$

(3) $(-5a)\times(-6b)=(-5)\times a\times(-6)\times b$

$=(-5)\times(-6)\times a\times b$

$=30\times a\times b$

$=30ab$

$(-5)\times(-6)=30$

(4) $2a\times3a^2=2\times a\times3\times a\times a$

$=2\times3\times a\times a\times a$

$=6\times a^3$

$=6a^3$

$a\times a\times a=a^3$

(5) $20ab\div5b=20ab\times\frac{1}{5b}$

$=\frac{20\times a\times b}{5\times b}$

約分

$=4\times a$

$=4a$

## 文字式の利用

たとえば224は224＝4×56なので4の倍数（4×整数で表される数）です。3232（＝4×808）や56716（＝4×14179）も4の倍数です。

実は、ある数が4の倍数であるかどうかは実際に計算しなくてもすぐにわかります。なぜなら**下2桁が4の倍数であればどんな数も必ず4の倍数になる**からです。文字式を使ってこの事実を証明してみましょう。

それには「下2桁が4の倍数」という数を抽象化する必要があります。

手がかりをつかむために、上に挙げた3つの例を下2桁とそれ以外に分離してみましょう。

$$224=200+24=2\times100+24$$
$$3232=3200+32=32\times100+32$$
$$56716=56700+16=567\times100+16$$

さて、3つに共通する「形」が見えるでしょうか？　どの数も「□×100＋4の倍数」という形になっています。そこでこれを文字式で表します。ただし以下では、$m$と$n$は整数を表す文字です。

$$\text{下2桁が4の倍数である数}=m\times100+4\times n=100m+4n$$

ここまで来ればあと少しです。$100m+4n$が4の倍数、すなわち4×整数で表せることを示しましょう。

$$100m+4n=4\times25m+4\times n=4\times(25m+n)=4(25m+n)$$

$25m+n$は整数なので、$4(25m+n)$は4の倍数です。これで、下2桁が4の倍数の数は、必ず4の倍数になることが示されました。

# 正しさの根拠はプロセスにあり

## プロセスを見る目

すぐに結果を出すことに執着しがちな世界では、解答にたどり着くまでの道のりの重要性を見落としがちです。

本書ではこれまで何度も繰り返してきたように、数学が得意になるためには、**プロセスを見る目を養う**必要があります。

もちろん、数学でも正しい答えを出すことは大切です。でも、山勘でたまたま合っていた答えには、数学的な価値はありません。**本当に重要なのは、綿密で、確かな原則に基づいたプロセスを常に踏めるかどうかなのです。数学の真髄は、答えを導き出すことではなく、ゴールに至る正しいプロセスの中にこそある**と私は信じています。

## 基本の公理

では「正しいプロセス」とは、具体的にはどのようなもののことを言うのでしょうか？　それは、たとえば次のような公理（論証がなくても自明の真理として認められる根本的な命題）のことです。

$$A=B \text{ ならば } \quad A+C=B+C$$

一見、改めて考える価値がないほど当たり前に思えるかもしれません。しかし等式（数量が等しいという関係を＝を使って表した式）が持つこの性質は、さまざまな式変形を、ひいては数学的概念を理解するための基礎になります。この性質は、**等価性と公平性の本質を体現している**とも言えるでしょう。二者のバランスを保ちたいなら、一方に与えたのと同じものを他方にも与えなくてはならない。これは、人類の歴史における平等と変換の教訓であり、数学を超えた真実です。

## 正しさの根拠

学生のときは、自分が出した「解」が正しいかどうかは、学校の先生や問題集が教えてくれます。

一方、社会人になってから直面する問題の答えは誰も提示してくれません。社会人は、自分の導き出した「解」が正しいかどうか、少なくともその時点のベストであるかどうかは、結果を見るまで分からないのが普通です。しかも、たとえ結果が良かったとしても、自分の解が最適解ではない可能性は残ります。

学生時分とは比較にならないほど過酷な状況です。でも私たちは、最善の策であると信じられるものをひねり出す必要があります。そんなとき、自信の根拠になるのは、正解を導くプロセスに対する理解です。**正誤を判断する根拠はいつもその解が導かれたプロセスにあります。**人は、正しい結果ではなく、正しいプロセスを積み重ねてきたからこそ、自らの「解」に自信と誇りを持てるのです。

## 方程式の解法はアルゴリズムの基本

**数学で学ぶ方程式の解法は、解を導くための正しいプロセスを一般化したものです。**

ちなみに、問題解決の手順を定式化したものを**「アルゴリズム」**と言いますが、アルゴリズムは前に紹介した「代数学の父」アル＝フワーリズミーの名前に由来します。

# 方程式の「＝」には2つの意味がある

## 等式の性質

前節にも書きました通り、方程式の解法は「正しいプロセス」の基本となるものですが、方程式の解法を支えているのは、以下に示す等式の性質です。

**【等式の性質】**

**(1) 等式の両辺に同じ数を足しても、等式は成り立つ**

A＝B　ならば　A＋C＝B＋C

**(2) 等式の両辺から同じ数を引いても、等式は成り立つ**

A＝B　ならば　A－C＝B－C

**(3) 等式の両辺に同じ数を掛けても、等式は成り立つ**

A＝B　ならば　AC＝BC

**(4) 等式の両辺を同じ数で割っても、等式は成り立つ**

A＝B　ならば　$\frac{A}{C}=\frac{B}{C}$（ただし、Cは0ではない）

**(5) 等式の両辺を入れ替えても、等式は成り立つ**

A＝B　ならば　B＝A

## 方程式とは（＝の2つの意味）

下の2つの式を見てください。

①と②では、「＝」の意味が違うことがおわかりでしょうか？

$$① \ x+x+1=2x+1$$

$$② \ 2x+1=5$$

①の方は、同類項をまとめて文字式の計算をしているだけです。

①の「＝」は $x$ が1でも10でも−3でも$\pi$（円周率）でも成り立ちます。

一方、②の「＝」は、$x=2$でないと成り立ちません。

①の「＝」は $x$ がどんな値でも常に成り立ちますが、②の「＝」は、特定の値の $x$ についてのみ成り立ちます。

このように**同じ「＝」であっても式によって意味の違いがあること**は、案外知られていないようです。

②のように、**特定の $x$ についてのみ成り立つ等式**を、**$x$ についての**方程式と言います。ちなみに、①のように、いかなる値の $x$ でも成り立つ式を $x$ についての恒等式と言います（恒等式のことは高校で詳しく習います）。

また、方程式の「＝」を成り立たせる**特定の値**を、その方程式の解と言います。$x$についての方程式$2x+1=5$の解は$x=2$です。

ちなみに、数学では式や条件を成り立たせることを**「満たす」**と言うことがあります。「$x=2$は$2x+1=5$を満たす」のように使います。

馴染みのない人にとってはわかりづらい表現かもしれませんが、英語の“$x=2$ satisfies $2x+1=5$”を訳した表現です。

つまり、方程式の解とは、方程式を満たす値だというわけです。

# 等式の性質を駆使して一元一次方程式を解こう

## 一元一次方程式とは

方程式の中でも、$2x+1=5$や$5x-4=11$のように、**未知数の数が1つで未知数の次数が「1」のもの**を一元一次方程式と言います。ここで次数とは**掛け合わされている文字の個数のこと**です。以下はすべて、一元一次方程式です。

$$3x-5=1$$

$$\frac{x}{4}+\frac{1}{2}=-3$$

$$2(x+7)=9$$

$$3-5y=3$$

$$4x+1=5x-1$$

ちなみに、$2x+3y=13$は未知数の数は2、未知数の次数は1なので「二元一次方程式」であり、$x^2+5x+6=0$は未知数の数は1、未知数の次数は2なので、「一元二次方程式」です。

$x^2+5x+6=0$には、次数が2の「$x^2(=x\times x)$」と次数が1の「$5x$」が含まれますが、**1つの式の中に異なる次数の項が含まれるときは、最も高い次数をその式の次数とする**ことになっています。

二元一次方程式や一元二次方程式の解き方は、後ほど改めて取り上げますので、ここでは一元一次方程式の解法を詳しく見ていきましょう。

## 一元一次方程式を解いてみよう

さあ、では解いていきましょう。

例題には、左の頁の「$3x-5=1$」と「$\frac{x}{4}+\frac{1}{2}=-3$」を使います。

これらの式を、結果的に**「$x=$ ～」の形**になるように、変形していきます。ただし、**途中に使うことができるのは、前節で紹介した「等式の性質」だけです。**途中どの等式の性質を使っているのかをよく観察してくださいね。

**図 2-11 一元一次方程式の基本的な解き方**

(i)

$$\begin{aligned} & 3x-5=1 \\ \Rightarrow\ & 3x-5+5=1+5 \\ \Rightarrow\ & 3x=6 \\ \Rightarrow\ & \frac{3x}{3}=\frac{6}{3} \\ \Rightarrow\ & x=2 \end{aligned}$$

(ii)

$$\begin{aligned} & \frac{x}{4}+\frac{1}{2}=-3 \\ \Rightarrow\ & \left(\frac{x}{4}+\frac{1}{2}\right)\times 4=-3\times 4 \\ \Rightarrow\ & x+2=-12 \\ \Rightarrow\ & x+2-2=-12-2 \\ \Rightarrow\ & x=-14 \end{aligned}$$

このように、**等式の性質を駆使すれば、一元一次方程式は解ける**ことがわかりました。最後に出てきた「$x=2$」や「$x=-14$」を最初の式の$x$に入れてみると、実際に「＝」が成立します（方程式を満たします）。

めでたしめでたし……なのですが、これから一元一次方程式を解く機会はたくさんあるので、もう少し簡略化する方法を考えたいところです。

## 一元一次方程式をもっとラクに解いてみよう

前頁［図2-11］の解法は「正しいプロセス」を踏んでいますが、少々面倒です。どこかに簡略化できるところはないでしょうか？　ここで役立つのが移項です。移項とは、**一方の辺の項を、符号を変えて「＝」の反対側に移動させることです。**

たとえば、［図2-12］の「$3x-5=1$」を解くとき、（ｉ）のように、「$3x-5+5=1+5$」としないで、（ⅱ）のように、左辺の「$-5$」を右辺に移項して「$3x=1+5$」の形にします。

また「$3x=6$」⇒「$\frac{3x}{3}=\frac{6}{3}$」のくだりも「$\frac{3x}{3}$」は約分すると「$x$」です。約分によって左辺が「$x$」になるように両辺を3で割っているのですから、**「$\frac{3x}{3}$」とは書かずに初めから「$x$」と書きましょう。**

**図 2-12** 移項を使った一元一次方程式の解き方

（ｉ）〈移項を使わない場合〉

$$3x-5=1$$
$$\Rightarrow\ 3x-5+5=1+5$$
$$\Rightarrow\ 3x=6$$
$$\Rightarrow\ \frac{3x}{3}=\frac{6}{3}$$
$$\Rightarrow\ x=2$$

（ⅱ）〈移項を使う場合〉

$$3x-5=1$$

移項

$$\Rightarrow\ 3x=1+5$$
$$\Rightarrow\ 3x=6$$
$$\Rightarrow\ x=\frac{6}{3}$$
$$\Rightarrow\ x=2$$

だいぶ、簡略化できました。

では、ここで一元一次方程式の解き方を、**文字を使って**一般化しましょう。未知数を$x$とするとき、一元一次方程式は必ず「$ax+b=c$」の形に帰着させることができます。ここで、**$a$、$b$、$c$は定数**です。左の頁で例に挙げた「$3x-5=1$」は、$a=3$、$b=-5$、$c=1$のケースです。

**図 2-13 移項を使った一元一次方程式の一般化**

$$ax + b = c \quad \cdots①$$

移項

$$\Rightarrow \quad ax = c - b \quad \cdots②$$

$$\Rightarrow \quad ax = c - b \quad \cdots③$$

$$\Rightarrow \quad x = \frac{c-b}{a} \quad \cdots④$$

移項は、「代数学」の代名詞になったフワーリズミーの著作のタイトルにもなりました。それほど、**方程式をシステマティックに解くプロセスの中で、移項は大事な方法**です。移項を用いることによって、式変形の煩わしさは大分軽減します。

また、[図2-13] の③の左辺の「$a$」は④では右辺の分母につきます。こちらは特に名前はありませんが、**掛け算は「＝」をまたぐと、割り算（逆数の掛け算）になるわけです。**

数学の中でも特に代数学という分野は、方程式を分類し、それぞれの解き方を一般化（抽象化）することを目指しています。そうすれば、同じ形に分類できる方程式は、すべて型通りに解くことができるからです。

**正しいプロセスを踏む解法が得られたら、それを抽象化して未知の方程式に備える。それが代数学の本質です。**

# 一元一次方程式を数訳してみよう

## 数学は言葉である

かつてイタリアの数学者・物理学者の**ガリレオ・ガリレイ**(1564-1642)は**「宇宙は数学という言語で書かれている」**と言いました。なぜガリレオはこんな風に言ったのでしょうか？

私たちが日常で使っている言葉は、どこかに曖昧さや不明瞭さが残ります。同じ言葉を使っているのに受け手によっては全く違う解釈をされてしまうという経験は誰にでもあるはずです。

しかし、数字や数学で使う記号にはそれがありません。**数学には絶対的な正確性と誤解の入り込む余地のない厳密さがあるからです。**だからこそガリレオは、完璧な美である(はずの)宇宙を記述できるのは、数学だけだと考えたのでしょう。

ただ、世の中には「数式アレルギー」の人が少なくありません。そういう人は、文章や会話の中に数式が出てくると拒否反応が出て、内容を理解しようという気持ちが萎えてしまうようです。数式が、無味乾燥な数字と記号の羅列に見えるからでしょう。

でも、ガリレオが言うように、**本来数式は万の言葉より雄弁です。**たった一行の数式が宇宙の真理を表すことさえあります。

**数式が語りかけてくる内容に耳を傾け、その言わんとしていることを理解できるようになるための訓練に最適なのは、文章題の文章を数式に直していくことです。**これを、私は数訳と呼んでいます。数訳を通して日常語を数学に変換する経験を積みましょう。

## 「数訳」の練習

**《問題》**

何人かの子どもにチョコレートを配ります。1人に5個ずつ配ると1個余り、1人に6個ずつ配ると9個足りないです。チョコレートの個数を求めなさい。

**《数訳と解答》**

最初に考えることは、**何を$x$（未知数）とおいて式を立てるか（数訳するか）**です。

問われているのは「チョコレートの個数」なので、これを$x$にしたくなりますが、「5個ずつ配ると1個余り」や「6個ずつ配ると9個足りない」の部分が**割り切れない割り算なので式を立てるのが少々面倒**です（できないわけではありません）。**そこで、子どもの人数を$x$人とします。**

$x$人の子どもに「5個ずつ配ると1個余る」チョコレートの個数は、$5x+1$（個）と表せます。また「6個ずつ配ると9個足りない」チョコレートの個数は、$6x-9$（個）です。さて、**方程式を立てるということは、等しい数量の関係を見つけること**です。**1人に5個ずつ配っても、6個ずつ配ってもチョコレートの個数は変わらない**ので、「$5x+1=6x-9$」という一元一次方程式が立ちます。

$$
\begin{aligned}
5x+1=6x-9 \quad &\Rightarrow \quad 5x-6x=-9-1 \\
&\Rightarrow \quad -x=-10 \\
&\Rightarrow \quad x=10
\end{aligned}
$$

チョコレートの個数は「$5x+1$」（個）なので、$5\times10+1=$51（個）と求まります（$6x-9$を使って、$6\times10-9=51$でも構いません）。

# 未知数が2つある方程式を解くには

## 連立方程式

たとえば「ツルとカメの足の合計が18本のとき、ツルとカメはそれぞれ何匹いますか？」という問題は、解を1つに決めることができません。

ツルが$x$匹、カメが$y$匹だとすると、ツルの足は2本、カメの足は4本なので次の方程式を立てることはできます。

$$2x+4y=18\cdots①$$

しかし、次の4つはいずれも①の方程式を満たす解です（＝が成立します）。

$$(x,y)=(1,4)、(3,3)、(5,2)、(7,1)$$

今は、$x$と$y$がツルとカメの数なので自然数（正の整数）に限定できて、解の候補を4つに絞ることができますが、もし①の$x$と$y$が分数だったり負の数だったりすることが有り得るのなら、以下の組合せなどもすべて解となり、①の解は無数にあることになります。

$$(x,y)=\left(\frac{1}{2},\frac{17}{4}\right)、\left(\frac{1}{11},\frac{49}{11}\right)、(-1,5)、(-9,9)、\cdots\cdots$$

第4章で詳しく書きますが、実は①の方程式は$xy$平面における直線を表しますので、直線上のすべての点が解になってしまうのです。

**未知数が2つある方程式の解を1つに決めるためには、方程式が2つ必要です。**

先ほどの問題でさらに「ツルとカメは合わせて8匹です」という情報があれば、次の方程式が立ちます。

$$x+y=8\cdots②$$

そして、①と②を同時に満たす解は1つだけとなります。

$$(x,y)=(7,1)$$

グラフ的には、**①が表す直線と②が表す直線が交わる点として、はじめて①と②の両方を同時に満たす解が1つに決まる**のです（これも第4章で詳しくお話しします）。

$$\begin{cases} 2x+4y=18\cdots① \\ x+y=8\cdots② \end{cases}$$

このように**複数の方程式を組にしたもの**を連立方程式と言います。組にした方程式のすべてを満たす**未知数の値の組**を連立方程式の解と言い、その解を求めることを、連立方程式を解くと言います。

$(x,y)=(7,1)$ は①と②から成る連立方程式の解です。

**一般に、$n$個の未知数の値を求める（定める）には、$n$個の方程式が必要だということは頭の片隅に置いておいてください。**

連立方程式を解くには、独特のテクニックが必要です。次頁で詳しく紹介します。

## 二元連立一次方程式

$$\begin{cases} x+2y=4\cdots① \\ 3x-y=5\cdots② \end{cases}$$

たとえばこのように、未知数が2つで未知数について1次式である連立方程式を二元連立一次方程式と言います。

二元連立一次方程式の解き方には2種類あります。1つは代入法、もう1つは加減法です。具体例は右の［図2-14］をご覧ください。

**《代入法の手順》**

**（1）消去したい文字を決める**

**（2）（1）で決めた文字について解く**

**（3）他の式に代入**

※「～について解く」とは「～＝」の形を作ることです。

※「代入」とは式の中の文字を他の文字や数に置き換えることです。

**《加減法の手順》**

**（1）消去したい文字を決める**

**（2）（1）で決めた文字の係数を揃える**

**（3）2つの式を足したり、引いたりして（1）の文字を消す**

**未知数が増えたときに万能なのは代入法です。**どんなに未知数が多くても、代入法を繰り返せば未知数を1つずつ減らせます。

**図 2-14 二元連立一次方程式**

$$\begin{cases} x + 2y = 4 & \cdots ① \\ 3x - y = 5 & \cdots ② \end{cases}$$

**【代入法】**

（1）消去したい文字を決める

ここでは、$x$を消去することにします。

（2）（1）で決めた文字について解く

①の式を、$x$について解きます。

$x + 2y = 4 \Rightarrow x = 4 - 2y$ …③

（3）他の式に代入

③を②に代入

$3x - y = 5 \Rightarrow 3(4 - 2y) - y = 5$

$\Rightarrow 12 - 6y - y = 5$

$\Rightarrow 12 - 7y = 5$

$\Rightarrow -7y = 5 - 12$

$\Rightarrow -7y = -7$

$\Rightarrow y = 1$ …④

④を③に代入

$x = 4 - 2y$

$= 4 - 2 \times 1$

$= 2$

以上より

$(x, y) = (2, 1)$

**【加減法】**

（1）消去したい文字を決める

ここでは、$y$を消去することにします。

（2）（1）で決めた文字の係数を揃える

②を2倍して、$y$の係数を揃えます。

② × 2： $(3x - y) \times 2 = 5 \times 2$

$\Rightarrow 6x - 2y = 10$

（3）2つの式を足したり、

引いたりして（1）の文字を消す

$$\begin{array}{rrl} & x + 2y & = 4 \\ +) & 6x - 2y & = 10 \\ \hline & 7x & = 14 \end{array}$$

$\Rightarrow x = 2$ …③

③を①に代入すると

$x + 2y = 4 \Rightarrow 2 + 2y = 4$

$\Rightarrow 2y = 4 - 2$

$\Rightarrow 2y = 2$

$\Rightarrow y = 1$

以上より

$(x, y) = (2, 1)$

# 二元連立一次方程式を数訳してみよう

## 数訳のコツ

一元一次方程式のところで、数式を言葉として捉える練習には文章題の文章を数式に直す「数訳」がオススメだと書きました。

二元連立一次方程式の文章題を使って、改めて「数訳」の練習をしてみましょう。

**数訳のコツは問題文全体を「意訳」しようとするのではなく、一つ一つの文を「逐語訳」するイメージで取り組むことです。**長い文章題を通読して、「難しい……」と感じたとしても、ひるまずに一文一文を「数訳」していけばきっと式が立ちます。

大事なのは「＝」で繋ぐことができそうな記述を丁寧に拾い出して変換していくことです。特に以下のような記述には気をつけてください。

**（ｉ）合計に関する記述**

⇒「合計すると～」「～を合わせると…になる」など

**（ii）比較に関する記述**

⇒「AとBは等しい」「AはBの～倍」「AはBの～％」など

**（iii）仮定に関する記述**

⇒「もしも～」「仮に～」など

（明示的でないときは文脈から読み取ります）

**「＝」で繋げる関係が見つかったら、具体的な数字が与えられていない値に$x$などの文字を設定して方程式を立てます。**

**図 2-15 数訳のイメージ**

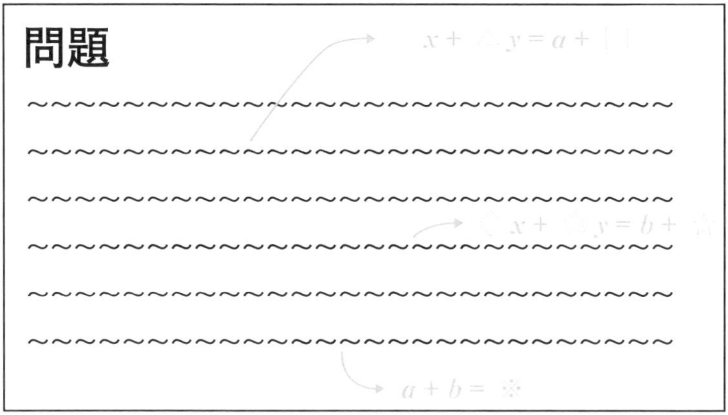

問題

$x + \triangle y = a + \square$

$\diamond x + \heartsuit y = b + \star$

$a + b =$ ※

## 「数訳」の練習

**《問題》**

ある資格セミナーにおいて、**昨年開催時の男性の参加者と女性の参加者の人数の合計は350人**でした。**今年も同様のセミナーを開催したところ、参加者の人数の合計は375人**で、**男性の参加者の人数は昨年と比較して20% 増加**し、**女性の参加者の人数は昨年と比較して10%減少**しました。今年の男性の参加者の人数を求めなさい。

**《解説》**

問題で聞かれているのは、今年の男性の参加者の数なので、今年の男性参加者の数を $x$（人）と置きたくなりますが、問題文の中に「昨年と比較して～」とあるので、**昨年の男性参加者数を $x$（人）と置いた方が式を立**

**てやすそうです。**また問題では問われていませんが、方程式を作るのに女性の数も必要なので、**昨年の女性参加者数を $y$（人）とします。**

《数訳1》

「**昨年開催時の男性の参加者と女性の参加者の人数の合計は350人**」とあるので、以下の式を立てましょう。

$$x+y=350 \quad \cdots①$$

《数訳2》

「**男性の参加者の人数は昨年と比較して20%増加**」とあるので、今年の男性の参加者について次のように書けます。

$$x+x\times\frac{20}{100}=x\times\left(1+\frac{20}{100}\right)=x\times\frac{120}{100}=x\times\frac{6}{5}=\frac{6}{5}x$$

《数訳3》

「**女性の参加者の人数は昨年と比較して10%減少**」とあるので、今年の女性の参加者については次のように書けます。

$$y-y\times\frac{10}{100}=y\times\left(1-\frac{10}{100}\right)=y\times\frac{90}{100}=y\times\frac{9}{10}=\frac{9}{10}y$$

《数訳4》

《数訳2》と《数訳3》を使うと「**今年も同様のセミナーを開催したところ、参加者の人数の合計は375人**」は次のような数式になります。

$$\frac{6}{5}x+\frac{9}{10}y=375 \quad \cdots②$$

$x$と$y$の方程式が2つ立ちましたので数訳はこれで終わりです。

②の式はもう少し解きやすそうな形に直しておきます。

$$\frac{6}{5}x+\frac{9}{10}y=375 \Rightarrow \left(\frac{6}{5}x+\frac{9}{10}y\right)\times 10=375\times 10$$
$$\Rightarrow 12x+9y=3750$$
$$\Rightarrow (12x+9y)\times\frac{1}{3}=3750\times\frac{1}{3}$$
$$\Rightarrow 4x+3y=1250 \quad \cdots ③$$

①と③を連立します。ここでは代入法で解いていきますね（もちろん加減法でも解けます）。$y$ を消去します。①より、

$$x+y=350 \Rightarrow y=350-x \quad \cdots ④$$

④を③に代入、

$$4x+3y=1250 \Rightarrow 4x+3(350-x)=1250$$
$$\Rightarrow 4x+1050-3x=1250$$
$$\Rightarrow 4x-3x=1250-1050$$
$$\Rightarrow x=200$$

これを①に代入すれば、$y=150$と求まりますが、今回は男性の数が問われているので、$y$ の値は出さなくてもよいです。ただし、**$x$は昨年の男性参加者の数です。問題で聞かれているのは今年の男性参加者の数であることに注意**してください。《数訳2》を使うと問題の答えは以下の通り240人です。

$$\frac{6}{5}x=\frac{6}{5}\times 200=240\text{(人)} \quad \cdots\text{(答え)}$$

# 多項式の積は面積で考えよう！

## 単項式と多項式

この節では、多項式の乗法についてみていくのですが、（いつものように）まずは単項式と多項式の定義を確認します。

単項式……**数、文字、およびそれらの積として表されるもの**

例）4、$a$、$2x$、$x^2$、$-\frac{1}{2}xy$

多項式……**単項式の和の形で表される式**

例）$4+a$、$x^2+2x-\frac{1}{2}xy$

※$x^2+2x-\frac{1}{2}xy$ は $x^2+2x+\left(-\frac{1}{2}xy\right)$ と単項式の和で表せます。

※ちなみに、$2\sqrt{x}$ や $\frac{3}{x^2+1}$ のように、$\sqrt{\ }$（ルート：169頁参照）や分母の中に文字を含む式は、単項式や多項式ではありません。

なお高校数学では、単項式と多項式をまとめて「整式」と呼ぶことがありますが、大学以降は「整式」という用語はあまり使いません。

「整式」は、式の見栄えや扱いやすさが整数を連想させることから使われるようになった呼び名だと思われますが、「整式」に対応する英語訳はありませんし（多項式は “polynomial”）、「多項式」で統一した方が、混乱がなくて良いでしょう。

## 多項式の積の考え方

多項式の積はいわゆる分配法則を繰り返せば計算できますが、式だけを見ていると煩雑に感じてしまうので、図解しておきましょう。

**縦×横＝面積であることから、（多項式に限らず）積は面積に変換してイメージするのがオススメです。**

**図 2-16** 多項式どうしの積

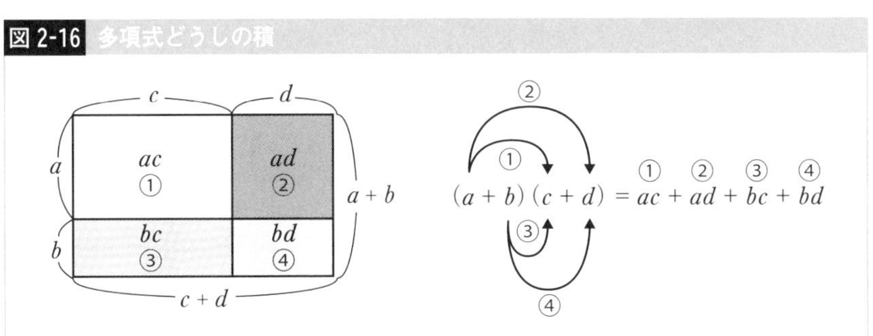


縦の長さが$a+b$、横の長さが$c+d$の長方形の面積は$(a+b)(c+d)$ですが、それは中の4つの長方形の面積$ac$、$ad$、$bc$、$bd$の和に等しいことが、上の図を見れば一目瞭然です。

よって、たとえば次のように計算できることがわかります。

$$(x+2)(y+3)=xy+3x+2y+6$$

$$\begin{aligned}(2a+5)(4b-3)&=(2a+5)\{4b+(-3)\}\\&=2a\cdot 4b+2a\cdot(-3)+5\cdot 4b+5\cdot(-3)\\&=8ab-6a+20b-15\end{aligned}$$

※「・」は「×」の省略記号です。「×」を無くしてしまうと違和感があったり、誤解される恐れがあったりするときに使います。

# とても便利な展開公式たち

## 式の展開

前頁で多項式の積のイメージを膨らませてもらいましたが、いちいちあのように計算するのはやっぱりちょっと面倒です。

そこでよく登場するものについては抽象化して公式にしておきたいと思います。ただし、公式が単なる暗記にならないよう、公式の図解も紹介しますので、ぜひ右の［図2-17］もご覧ください。

**単項式や多項式の積を計算して、単項式の和の形に表すこと**は、もとの式を展開すると言いますので、以下の公式は展開公式と呼びます。

**《展開公式》**

(1) $(x+a)(x+b)=x^2+(a+b)x+ab$

(2) $(x+a)^2=x^2+2ax+a^2$

(3) $(x+a)(x-a)=x^2-a^2$

（3）の公式は、**「和と差の積は平方（2乗）の差」**と日本語で表現されることも多い公式です。中高の数学の問題には（3）を使うものが目立ちます。この式が持つ簡潔さや意外性が数学教師の心をつかんでいるからでしょう。

## 図 2-17 展開公式の図解

(1)

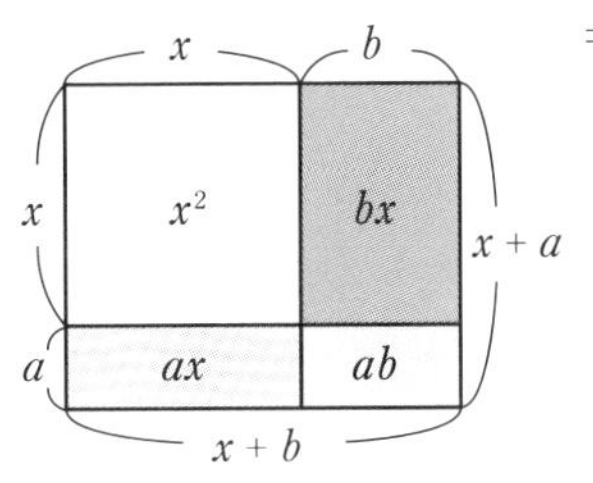


$(x + a)(x + b) = x^2 + ax + bx + ab$

⇒ $(x + a)(x + b) = x^2 + (a + b)x + ab$

和　積

**例** $(x + 2)(x + 3) = x^2 + 5x + 6$

$2 + 3$　$2 \times 3$

$(x + 3)(x - 5) = x^2 - 2x - 15$

$3 + (-5)$　$3 \times (-5)$

(2)

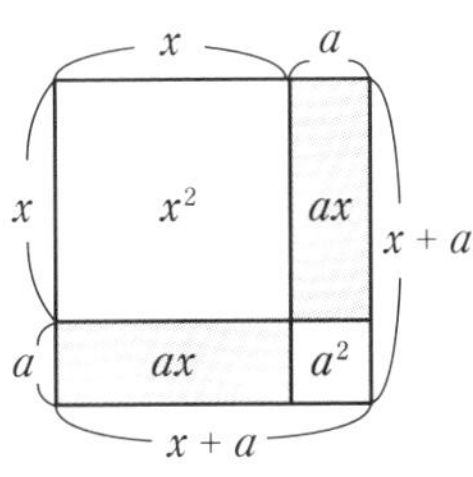


$(x + a)^2 = x^2 + ax + ax + a^2$

⇒ $(x + a)^2 = x^2 + 2ax + a^2$

2倍　2乗

**例** $(x + 3)^2 = x^2 + 6x + 9$

$2 \times 3$　$3^2$

(3)

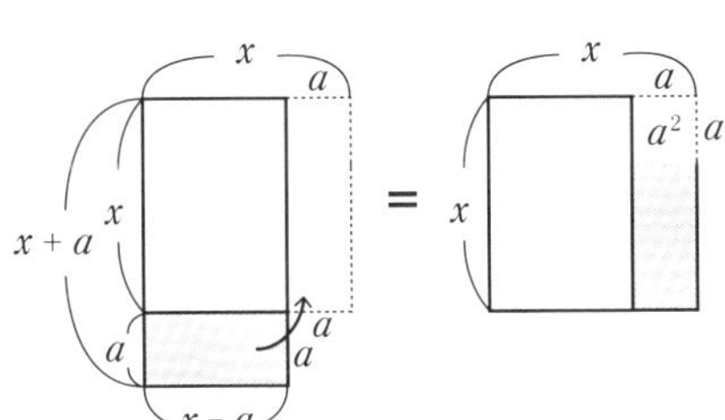


縦が $x + a$、横が $x - a$ の長方形の
グレーの部分を移動すると
一辺 $x$ の正方形から
一辺 $a$ の正方形が欠けた形になる。
両者の面積は等しいから

$(x + a)(x - a) = x^2 - a^2$

**例** $(x + 3)(x - 3) = x^2 - 9$

$3^2$

## 展開公式を暗算に利用①（19×19までの掛け算）

**展開公式は実生活での暗算にも役立ちます。**公式の文字に具体的な数字を入れてみると、計算がラクになることがあるのです。

たとえば、19×19までの掛け算は**展開公式の（1）**を使いましょう。

$$(x+a)(x+b)=x^2+(a+b)x+ab$$

で、$x=10$、$a=3$、$b=6$とすると（以下「・」は「×」の省略記号です）次のように計算できます。ここで$10^2+(3+6)\cdot10$を10で括って次のように考えてください。すると13×16は結局以下の計算になります。

$$\begin{aligned}13\times16&=(10+3)(10+6)\\&=10^2+(3+6)\cdot10+3\cdot6\end{aligned}$$

$$\begin{aligned}10^2+(3+6)\cdot10+3\cdot6&=(10+3+6)\cdot10+3\cdot6\\&=(13+6)\cdot10+3\cdot6\end{aligned}$$

$$\begin{aligned}13\times16&=(13+6)\cdot10+3\cdot6\\&=190+18\\&=208\end{aligned}$$

同じように考えれば、19×19までの掛け算は、次の3ステップで計算できます。

**手順① 一方の一の位を他方に足す**
**手順② ①を10倍**
**手順③ ②に一の位どうしの積を足す**

少し練習すると簡単に暗算できるようになりますので、ぜひチャレンジしてみてください。

## 展開公式を暗算に利用②（差が偶数の掛け算）

もう一つ、展開公式が利用できる暗算のテクニックを紹介しましょう。

たとえば、「32×28」のように、2つの数の差が偶数の掛け算には**展開公式の（3）**が応用できます。

$$(x+a)(x-a)=x^2-a^2$$

で、$x=30$、$a=2$とします。

$$\begin{aligned}32\times28&=(30+2)(30-2)\\&=30^2-2^2\\&=900-4\\&=896\end{aligned}$$

30は32と28の和の半分（平均）、2は32と28の差の半分です。よって、この暗算テクニックは次のような3つのステップにまとめることができます。

**手順① 2つの数の和の半分（平均）を出す**
**手順② 2つの数の差の半分を出す**
**手順③ ①の数$^2$－②の数$^2$**

特に、手順①の「和の半分」が30のように切りがよく、さらに手順②の「差の半分」が2のように小さな数になる2数の掛け算では威力を発揮する暗算テクニックです。

# 因数分解とその意味

## 因数分解とは

**1つの式をいくつかの単項式や多項式の積の形に表すこと**を因数分解と言います。また、ある式の**因数分解をつくる単項式や多項式**をもとの式の因数と言います。

たとえば、$x^2+5x+6$の因数分解は次のようになります。

$$x^2+5x+6=(x+2)(x+3)$$

$x+2$と$x+3$は$x^2+5x+6$の因数です。

既にお気づきだと思いますが、**因数分解と展開はちょうど逆の関係になっています。**

一般に因数分解の方が展開より難しいです。それは、バラバラになったものをまとめる方が、まとまったものをバラバラにするより難しいからです。

図 2-18 展開と因数分解

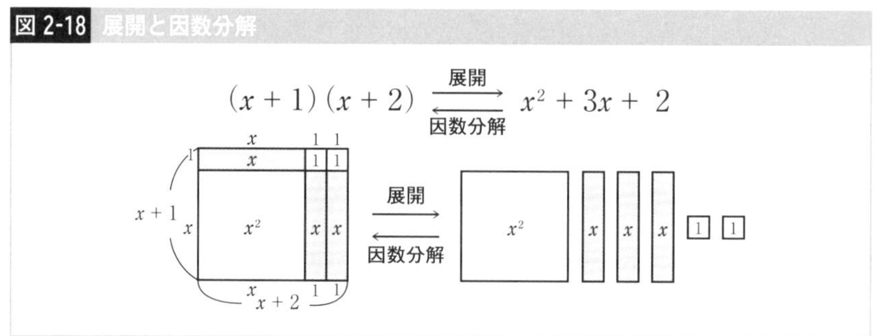

## 因数分解が重要な理由

学生時代を思い返してもらうと、やたら因数分解させられたという記憶をお持ちの人は多いのではないでしょうか？

なぜ因数分解は重要なのでしょうか？

それは、**因数分解に成功すれば、情報が増える**からです。**因数分解は、分解によって有益な情報を引き出すための式変形である**と言えます。

下の2つの式を見てください。

(1) A＋B＝0

(2) AB＝0

和の形で表されている(1)の式からは、AとBを足したら0ということはわかりますが、これだけではどちらの値も決めることはできません。A＝1ならB＝−1、A＝10ならB＝−10という具合にAとBは絶対値が等しく、符号が逆の関係であるとわかるだけです。

一方、積の形で表されている(2)の式はどうでしょうか？　AとBを掛けたら0になるというこちらの式からは、「少なくともどちらかは0である」という情報が引き出せます。すなわち**A＝0またはB＝0**であることがわかるのです。

また、もしAとBが整数であるという追加情報があるのなら「＝0」でなくても構いません。たとえばAB＝3という式からは（A,B）の候補を(1,3)、(3,1)、(−1,−3)、(−3,−1)のいずれかに絞り込めます。

これからは、**和よりも積の方が、情報量が多い**ということを意識してみてください。そうすれば因数分解をはじめ、さまざまな式変形の理由がみえてきます。

# ピタゴラスを苦しめた無理数

## 晩年のピタゴラスは絶望していた？

古代ギリシャにおいて、ピタゴラス教団は栄華を極めましたが、もしかしたら晩年のピタゴラスは失意の中にいたかもしれません。なぜなら**「万物の源は数である」**とする彼の信念を揺るがす事実を知ってしまった可能性が高いからです。

ピタゴラスが万物の源だと考えた「数」は**整数**でした。ピタゴラスは**全てのものは整数で構成されている**と信じていたのです。

確かに0.25のような小数第何位かで終わる小数（有限小数と言います）も0.3333……や0.1818……のような小数点以下に規則的な数の並びが永遠に続く小数（循環小数と言います）も、**分母と分子が整数の分数**で表せます。

$$0.25=\frac{1}{4} \qquad 0.3333\cdots\cdots=\frac{1}{3} \qquad 0.1818\cdots\cdots=\frac{2}{11}$$

しかし、円周率の$\pi$（＝3.14159265……）のように小数点以下に不規則な数の並びが永遠に続く数は、整数で構成された分数では表すことができません。このような数のことを無理数と言います。ちなみに、整数で構成された分数で表せる数のことは有理数と言い、整数、有限小数、循環小数は有理数です。

皮肉なことに、「無理数」はピタゴラスが教団のシンボルとしていた**五芒星（ペンタグラム）**［図2-19］の中にも顔を出します。

## 黄金比は無理数

五芒星は、正五角形の対角線を結んで作ります。正五角形の一辺とその対角線の比は、1:1.6180339……となり無理数です。

この比は黄金比と呼ばれる比であり、人間が自然と美しいバランスに感じることで知られています。黄金比は、ミロのヴィーナスやモナ・リザ等の数々の芸術作品に利用されたことで有名になりました。

ピタゴラスが黄金比を知っていたという確かな記録は残っていません。しかし、ピタゴラスの死からわずか十数年後の紀元前480年頃、パンテオン宮殿の建設を指揮した古代ギリシャの彫刻家ペイディアスは、この宮殿の至る所に黄金比を組み込みました。同じ時代を生きた彫刻家が知っていた黄金比を、**数学の知識を網羅し「数学の権化」として君臨したピタゴラスが知らなかったというのは考えづらい**です。

図 2-19 黄金比は無理数

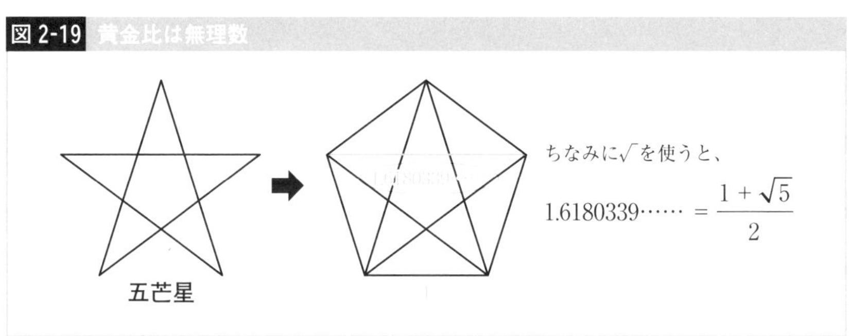


## 無理数で命を落としたヒッパソス

あるとき、教団のメンバーが船に乗っている最中に、ヒッパソスという弟子の一人が無理数の存在に気づき、ピタゴラスに進言しました。するとピタゴラスは口封じのためにヒッパソスを海に落とし「処刑」したという伝説が残っています。これが事実なら、なんとも酷い話ですが、それだけ無理数の存在はピタゴラスを苦しめていたのかもしれません。

# 確実に存在するが数値で表せない「数」

## 半分の面積の正方形を作るには?

正方形の折り紙があります。この正方形の半分の面積の正方形をつくるにはどうしたらいいでしょうか？　もちろん、単に二つ折りにするだけではダメです（正方形にはなりません）。[図2-20] のように、各頂点が正方形の中央に集まるように折り込めば、できあがった正方形の面積は、元の正方形のちょうど半分になります。

図 2-20 正方形の半分の面積の正方形

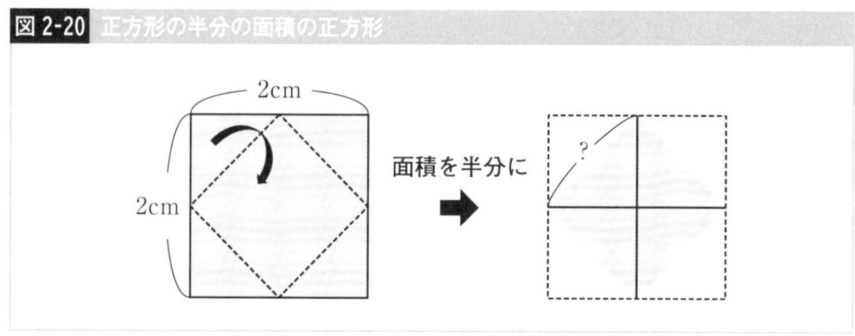


## 2乗して2になる数

さて、最初の正方形の面積が4cm²のとき、面積が半分（2cm²）の正方形の一辺の長さは何cmになるか、試しにいくつか計算してみます。

$$1.4^2 = 1.96、1.41^2 = 1.9881、1.42^2 = 2.0164、$$
$$1.414^2 = 1.999396、1.415^2 = 2.002225$$

なかなかちょうど「2」になりません。実は、**2乗してちょうど2になる数は、無理数**であることが分かっています。2乗して2になる数は、有限小数や循環小数（すなわち有理数）では表せないのです。

しかし、そういう数は折り紙で作った正方形の一辺として（1.414と1.415の間に）確実に存在します。そこで、具体的な数値を言うことはできませんが、「2乗して2になる数」を新しい記号を使って表すことになりました。

ただし、たとえば$3^2=9$、$(-3)^2=9$からもわかるように「2乗して9になる数」は正の数3と負の数−3の2つあります。

一般に$a$が正のとき「2乗して$a$になる数」には正と負の2種類あることに気をつけてください。

特別に、「2乗して0になる数」は0だけです。

また、どのような数も2乗すると必ず0か正の数になることから、$a$が負のときは「2乗して$a$になる数」は存在しません（高校になると「虚数」という2乗して負になる数を学びます）。

## 平方根と根号

新しい用語と記号の定義です（以下$a$は正の数とします）。

$a$の平方根……**2乗して$a$になる数**

$\sqrt{a}$……**2乗して$a$になる数（$a$の平方根）のうち正の方**

例）2の平方根は、$\sqrt{2}$と$-\sqrt{2}$（まとめて、$\pm\sqrt{2}$と書いても良い）

※記号の$\sqrt{\ }$は根号と言い、$\sqrt{a}$は「ルート$a$」と読みます。

$\sqrt{\ }$の記号は、16世紀のドイツの数学者**クリストフ・ルドルフ**（1500-1545）が「根」や「根源」を意味するラテン語の“radix”の頭文字を取って「r2」のように書いたことに由来します。その後、フランスの**ルネ・デカルト**（1596-1650）が今の形に整えました。

# √ を含む計算をしてみよう

## √ の積と商

たとえば、$\sqrt{2}\times\sqrt{3}$と$\sqrt{2\times3}$はどちらの方が大きいでしょうか？

一般に、$a$と$b$が正の数のとき、$a^2=b^2 \Leftrightarrow a=b$なので、それぞれを2乗して比べてみます。

$\sqrt{a}$は$a$の平方根（のうち正の方）すなわち「2乗して$a$になる数」（のうち正の方）ですから、$(\sqrt{a})^2=a$であることに注意してください。

$$(\sqrt{2}\times\sqrt{3})^2=(\sqrt{2})^2\times(\sqrt{3})^2$$
$$=2\times3=6$$
$$(\sqrt{2\times3})^2=2\times3=6$$

$(ab)^2=a^2b^2$

2乗した値がどちらも6と等しいので、$\sqrt{2}\times\sqrt{3}=\sqrt{2\times3}$ です。

商についても、

$$\left(\frac{\sqrt{2}}{\sqrt{3}}\right)^2=\frac{\sqrt{2}^2}{\sqrt{3}^2}=\frac{2}{3}、\left(\sqrt{\frac{2}{3}}\right)^2=\frac{2}{3} \quad \Rightarrow \quad \frac{\sqrt{2}}{\sqrt{3}}=\sqrt{\frac{2}{3}}$$

となるので、一般に√ の積と商については、次が成立します。

$$\sqrt{a} \times \sqrt{b} = \sqrt{a \times b} \quad (\sqrt{a}\sqrt{b} = \sqrt{ab})$$

$$\frac{\sqrt{a}}{\sqrt{b}} = \sqrt{\frac{a}{b}} \qquad （ただし、a>0, b>0）$$

この性質と、$\sqrt{a^2} = a$であることを使えば、複雑な√の中を簡単にできることがあります。

※$a$が正の数のとき、$\sqrt{a^2}$は「2乗して$a^2$になる数」（のうち正の方）ですから、$\sqrt{a^2} = a$です。

$$\sqrt{12} = \sqrt{2^2 \times 3} = \sqrt{2^2} \times \sqrt{3} = 2 \times \sqrt{3} = 2\sqrt{3}$$

$$\sqrt{0.05} = \sqrt{\frac{5}{100}} = \frac{\sqrt{5}}{\sqrt{10^2}} = \frac{\sqrt{5}}{10}$$

## √の和と差

たとえば、**$\sqrt{4}+\sqrt{9}$ と$\sqrt{4+9}$ は等しくありません。**このことは次の計算からも明らかです。

$$\sqrt{4} + \sqrt{9} = \sqrt{2^2} + \sqrt{3^2} = 2 + 3 = 5$$

$$\sqrt{4+9} = \sqrt{13} = 3.60555\cdots\cdots$$

$5^2 \neq (\sqrt{13})^2$ から $5 \neq \sqrt{13}$　⇒　$\sqrt{4} + \sqrt{9} \neq \sqrt{4+9}$ と考えても良いです。

**√の和と差については文字式のように計算する必要があります。**

$$2\sqrt{2} + \sqrt{3} + 5\sqrt{2} - 4\sqrt{3} = (2+5)\sqrt{2} + (1-4)\sqrt{3} = 7\sqrt{2} - 3\sqrt{3}$$

$$[2a + b + 5a - 4b = (2+5)a + (1-4)b = 7a - 3b]$$

# 二次方程式を因数分解で解く

## 二次方程式になってしまう問題

たとえば**「差が11で積が26になるような2つの数を求めなさい」**という問題があるとします。暗算で答えられてしまう人もいるかもしれませんが、方程式を立てて解こうとすると意外と面倒です。

今、2つの数のうち小さい方を$x$、大きい方を$y$とすると、問題の条件から次の連立方程式が立ちます。

$$\begin{cases} y-x=11\cdots① \\ xy=26\cdots② \end{cases}$$

①から$y=x+11$なので、これを②に**代入**しましょう。

$$xy=26 \quad \Rightarrow \quad x(x+11)=26 \quad \Rightarrow \quad x^2+11x-26=0$$

未知数の$x$について二次式になってしまいました。

このようないわゆる「二次方程式」を解かなくてはならない問題は、いとも簡単に作れるため、二次方程式についての研究は随分と古くから行われていました。**紀元前1800年頃には既にバビロニアやエジプトで今日では二次方程式の問題と呼べる問題を解いていた痕跡が残っています。**

ただし、文字を使って方程式を解くという代数的な意味で二次方程式を最初に研究したのは、「数としての0」を初めて書物にまとめたことでも知られている、インドのブラフマグプタ（598-665頃）です。

## 二次方程式とは

一般に、未知数について二次式になっている方程式を、すなわち$x$を未知数、$a$、$b$、$c$を定数とするとき、次の式を、$x$についての二次方程式と言います。

$$ax^2+bx+c=0 \quad (\text{ただし}a\neq 0)$$

$a\neq 0$と断るのは、$a=0$の場合は$x$についての二次式ではなくなってしまうからです。

**二次方程式にはたいてい2個の解があります。ただし解が1個のことも、解がない（虚数の解がある）こともあります。**二次方程式の解の個数にバリエーションがある理由は、二次関数のグラフを学ぶとはっきりしますので、後のお楽しみとさせてください。

※虚数…2乗すると負になる数を含む数

**二次方程式のすべての解を求めること**を、二次方程式を解くと言います。

## 因数分解による解き方

前にも書きましたが、二次方程式が因数分解できると、式が積の形になって情報が増えます。**AB＝0ならばA＝0またはB＝0**なので、以下の二次方程式が解けます（二次方程式を満たす$x$の値がすべて求まります）。

$x^2+11x-26=0$

⇒　$(x+13)(x-2)=0$

⇒　$x+13=0$または$x-2=0$

⇒　$x=-13$または$2$

AB＝0

⇒A＝0またはB＝0

冒頭の問題の答えは、（－13,－2）または（2,13）です。

# 平方完成と二次方程式の解の公式

## 中学で最も難しい式変形

二次方程式の中には因数分解ができない（見つからない）ものもあります。そんなときに活躍するのが二次方程式の解の公式です。**解の公式にあてはめれば、すべての二次方程式が解けます。**

「そんな便利なものがあるのなら、さっさと教えてくれ」と思われるかもしれませんね。でも、二次方程式の解の公式は複雑な形をしているので、ただ紹介するだけでは、きっとすぐ忘れてしまうでしょう。

本書では「一度読んだら忘れない」というコンセプトに則り、きちんとこれを導いておきたいと思います。自分で導けるようにしておけばうんと忘れづらくなりますし、そもそも安心でしょう。ただし、そのためには平方完成という式変形を行って、二次方程式をより解きやすい形に変形する必要があります。

平方完成とは**2次式$ax^2+bx+c$を次のように書き換える式変形のこと**を言います。

$$ax^2+bx+c=a(x+m)^2+n$$

脅かすわけではありませんが、**平方完成はとても難しい式変形です。**中学の中ではダントツでナンバーワンの難易度を誇ります。

でも安心してください。

次の「平方完成の素」を意識できれば、難しい式変形の途中に「階段の踊り場」のようなものが出来て、やりやすくなると思います。

## 平方完成の素

160頁の展開公式（2）で次の展開公式を紹介しました（160頁の公式の$a$を$k$に変えました）。

$$(x+k)^2=x^2+2kx+k^2$$

この式を少し変形して、次のようにします。

$$x^2+2kx=(x+k)^2-k^2$$

これが「平方完成の素」です。ちなみに、このネーミングは私が勝手に考えたものなので他の本にはありません。**式の構造を捉えましょう。**

図 2-21 平方完成の素

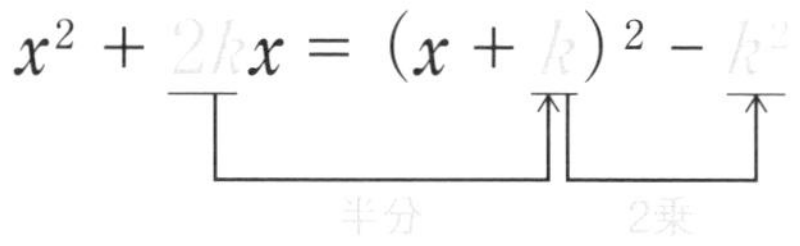

$$x^2+2kx=(x+k)^2-k^2$$

半分　2乗

例1）$x^2+6x=(x+3)^2-3^2=(x+3)^2-9$

例2）$x^2+5x=\left(x+\frac{5}{2}\right)^2-\left(\frac{5}{2}\right)^2=\left(x+\frac{5}{2}\right)^2-\frac{25}{4}$

例3）$x^2-7x=\left(x+\frac{-7}{2}\right)^2-\left(\frac{-7}{2}\right)^2=\left(x-\frac{7}{2}\right)^2-\frac{49}{4}$

## 平方完成

いよいよ平方完成です。

以下に示す一連の変形を、眺めるだけでなく、**実際に手を動かして練習してください。**平方完成は二次関数のグラフを描いたり最大値・最小値問題を解いたりするためにも必須です。

【平方完成】

$$
\begin{aligned}
&ax^2+bx+c\\
&=a\left(x^2+\frac{b}{a}x\right)+c\\
&=a\left\{\left(x+\frac{b}{2a}\right)^2-\left(\frac{b}{2a}\right)^2\right\}+c\\
&=a\left\{\left(x+\frac{b}{2a}\right)^2-\frac{b^2}{4a^2}\right\}+c\\
&=a\left(x+\frac{b}{2a}\right)^2-\frac{b^2}{4a}+c\\
&=a\left(x+\frac{b}{2a}\right)^2-\frac{b^2-4ac}{4a}
\end{aligned}
$$

**$x^2$の係数で最初の2項をくくる**

平方完成の素　$\frac{b}{a}\times\frac{1}{2}=\frac{b}{2a}$

｛ ｝の外の$a$を掛ける（分配法則）

通分

例）
$$
\begin{aligned}
2x^2+x+1&=2\left(x^2+\frac{1}{2}x\right)+1\\
&=2\left\{\left(x+\frac{1}{4}\right)^2-\left(\frac{1}{4}\right)^2\right\}+1\\
&=2\left\{\left(x+\frac{1}{4}\right)^2-\frac{1}{16}\right\}+1\\
&=2\left(x+\frac{1}{4}\right)^2-\frac{1}{8}+1=2\left(x+\frac{1}{4}\right)^2+\frac{7}{8}
\end{aligned}
$$

## 二次方程式の解の公式の導出

さあ、それでは二次方程式の解の公式を導いていきます。

$$
\begin{aligned}
&ax^2+bx+c=0\\
\Leftrightarrow\quad & a\left(x+\frac{b}{2a}\right)^2-\frac{b^2-4ac}{4a}=0\\
\Leftrightarrow\quad & a\left(x+\frac{b}{2a}\right)^2=\frac{b^2-4ac}{4a}\\
\Leftrightarrow\quad & \left(x+\frac{b}{2a}\right)^2=\frac{b^2-4ac}{4a^2}\\
\Leftrightarrow\quad & x+\frac{b}{2a}=\pm\sqrt{\frac{b^2-4ac}{4a^2}}\\
\Leftrightarrow\quad & x=-\frac{b}{2a}\pm\frac{\sqrt{b^2-4ac}}{\sqrt{4a^2}}\\
\Leftrightarrow\quad & \phantom{x}=-\frac{b}{2a}\pm\frac{\sqrt{b^2-4ac}}{\pm 2a}\\
\Leftrightarrow\quad & \phantom{x}=\frac{-b\pm\sqrt{b^2-4ac}}{2a}
\end{aligned}
$$

左の平方完成の結果から

$$ax^2+bx+c=a\left(x+\frac{b}{2a}\right)^2-\frac{b^2-4ac}{4a}$$

$$x^2=p \quad\Rightarrow\quad x=\pm\sqrt{p}$$

$\sqrt{\ }$の定義（169頁）から、$\sqrt{a^2}$は

「2乗して$a^2$になる数のうち正の方」

$\Rightarrow\quad \sqrt{a^2}=a\ (a>0)$ or $-a\ (a<0)$

$\Rightarrow\quad \sqrt{4a^2}=\pm 2a$

「±」は複号と言い、「＋または－」という意味なので

$$\pm\frac{m}{\pm n}=+\frac{m}{+n}\ \text{or}\ +\frac{m}{-n}\ \text{or}\ -\frac{m}{+n}\ \text{or}\ -\frac{m}{-n}=+\frac{m}{n}\ \text{or}\ -\frac{m}{n}=\pm\frac{m}{n}$$

となります。

この頁は文字式が多くて嫌気が差したかもしれませんが、**二次方程式の解の公式が自分で導けるようになれば数式変形については免許皆伝です！**

# 一元二次方程式に数訳してみよう

## 「数訳」の練習（1）

一元一次方程式、二元連立一次方程式に続いて、一元二次方程式の文章題でも「数訳」の練習をしましょう。今回は「数訳」としては簡単な問題です。「二次方程式の解の公式」を使ったり、√を含む計算をしたりする練習も兼ねています。

**《問題》**

和が8で積も8であるような2数を求めなさい。

**《数訳と解答》**

「2数」とあるので、それぞれを$x$と$y$にしましょう。
「和が8で積も8」という条件から次の連立方程式が立ちます。

$$\begin{cases} x+y=8 \cdots ① \\ xy=8 \cdots ② \end{cases}$$

①から$y=-x+8$ なので、これを②に**代入**しましょう。

$$\begin{aligned} & xy=8 \\ \Rightarrow\ & x(-x+8)=8 \\ \Rightarrow\ & -x^2+8x-8=0 \\ \Rightarrow\ & x^2-8x+8=0 \end{aligned}$$

因数分解はできそうにないので、解の公式を使いましょう。

$x^2-8x+8=0$なので

$$x=\frac{-(-8)\pm\sqrt{(-8)^2-4\cdot1\cdot8}}{2\cdot1}$$
$$=\frac{8\pm\sqrt{64-32}}{2}$$
$$=\frac{8\pm\sqrt{32}}{2}$$
$$=\frac{8\pm\sqrt{16\cdot2}}{2}$$
$$=\frac{8\pm4\sqrt{2}}{2}$$
$$=4\pm2\sqrt{2}$$

$ax^2+bx+c=0$のとき

$$x=\frac{-b\pm\sqrt{b^2-4ac}}{2a}$$

$$\sqrt{16\cdot2}=\sqrt{16}\cdot\sqrt{2}$$
$$=\sqrt{4^2}\cdot\sqrt{2}$$
$$=4\sqrt{2}$$

（ｉ）$x=4+2\sqrt{2}$のとき

$$y=-x+8$$
$$=-(4+2\sqrt{2})+8$$
$$=-4-2\sqrt{2}+8$$
$$=4-2\sqrt{2}$$

（ⅱ）$x=4-2\sqrt{2}$のとき

$$y=-x+8$$
$$=-(4-2\sqrt{2})+8$$
$$=-4+2\sqrt{2}+8$$
$$=4+2\sqrt{2}$$

以上より、求める2数は、$4+2\sqrt{2}$と$4-2\sqrt{2}$ …（答え）

## 「数訳」の練習(2)

今度は、ちょっと趣向を変えて、因数分解も解の公式も使わずに**図を使って二次方程式の文章題を解いてみましょう。**

前に「二次方程式の研究は古くから行われていた」と書きましたが、今のように文字を使って式を表す方法が整備される前はこのような図で「解く」のが主流でした。

《問題》

横の長さの方が縦よりも4m長い長方形の土地の面積が10m²のとき、長方形の縦の長さを求めなさい。

《数訳と解答》

長方形の縦の長さを$x$（m）とすると横の長さは$x+4$（m）となります。以下、［図2-22］を参照してください。

① 長方形の面積が10m²
② 正方形を作り、余った右の長方形を2等分する
③ ②で2等分した長方形の一方を移動する
④ 全体を正方形にするために、欠けている部分に2×2の正方形（面積4m²）を足す

このようにすると1辺の長さが$x+2$（m）、面積は$10+4=14$（m²）の正方形が出来上がりますので、次のように計算して$x$を求めます。

$$(x+2)^2=14$$

$x$は長さなので、$x+2>0$より

$$x+2=\sqrt{14} \Rightarrow x=-2+\sqrt{14}\text{(m)}\cdots\text{(答え)}$$

**図 2-22 図を使って二次方程式を解く**

①

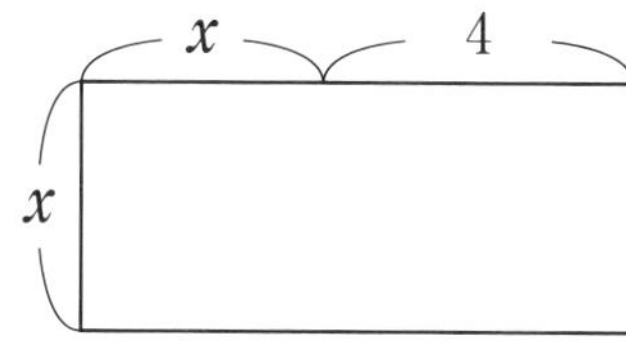


面積　10m²

②

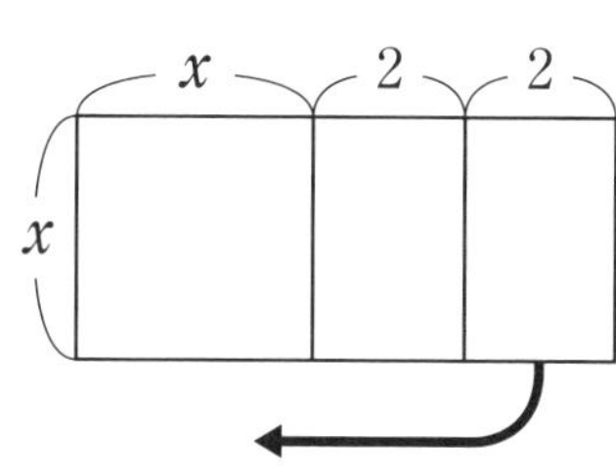


③

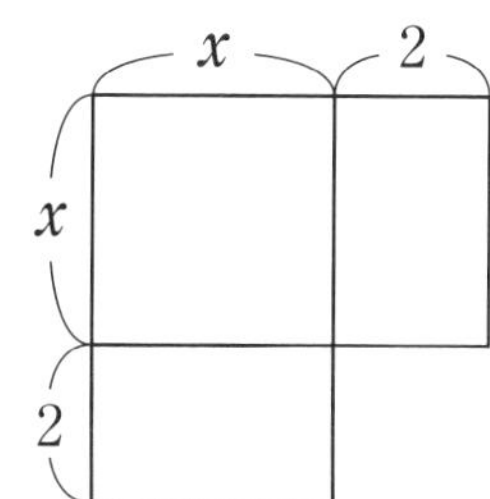


④

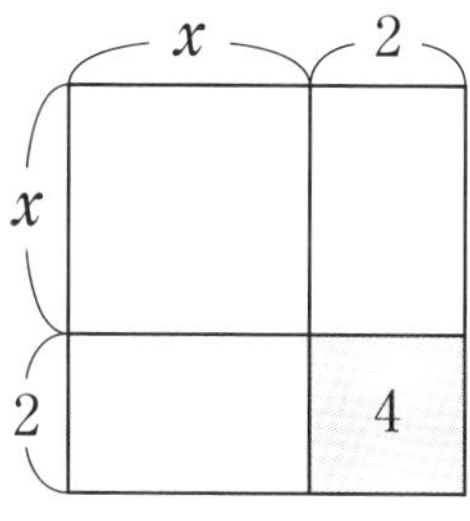


面積　14m²

これで、第2章を終わります。

この章では、負の数と無理数（$\sqrt{}$）という2つの新しい「数」を学びました。どちらも実体を直感的に捉えるのは難しい数であり、言わば、**ある種の概念を通して見なければ見えてこない数**です。

目の前にある実体を、ただそのままに受け取るだけでは、なかなかその奥にある真理は見えてきません。しかし対象を、概念を通して見ることができれば、手の届かない深淵なる世界にも思考をめぐらせることができます。知力とは「概念力」のことだと私は思います。

**概念を生み出し、概念を深めることによって、私たちは世界をより理解することができる**のです。

実際（この章で詳しく見てきたように）、負の数や無理数を使いこなせるようになって初めて、人類は、**方程式を解くという未知なる数を求める手法**を確立しました。

数学の歴史は、概念の歴史であるといっても過言ではありません。

# 第3章

# 確率

# 確率――貴族社会の発展――

## ギャンブルと確率

**ギャンブル**の起源は、文字が書かれる前の旧石器時代にまで遡ります。投げたものがどう落ちるかで未来を占っていたのが転じて、トスゲームとして楽しまれるようになったのがギャンブルの起源だと言われています。

**サイコロ**も古くからありましたが、重心や形が均質なサイコロがつくられるようになったのは中世以降です。

中世からルネサンスにかけて、ヨーロッパでは**貴族社会**が発展します。元来貴族は広大な土地を所有することで富を得ていましたが、交易の発展によって特定の地域やグループに富が集中し、新興の貴族階級や支配階級が形成されやすい環境が生まれました。

さらに貴族は教育を受ける機会もあり、一般大衆にはない文化的な贅沢を楽しむようになります。サイコロを使ったギャンブルも、時間と資金がある貴族の間で大流行しました。

そうなってくると、**運に任せるだけでなく、偶然を数値化しようとする**者が出てきます。そうして始まったのが確率です。

今では確率は、日常生活においても欠かせないものになっており、後で学ぶ統計の基礎にもなります。

中学数学で扱う確率の内容は序の口程度なので、面白さが伝わりづらいのですが、本書では、**確率の歴史**、**３種類の確率**、**勘違いの多い確率**など、確率をもっと学びたいと思えるようなテーマを紹介していきますのでご期待ください。また、少し高校数学を先取りして、ある事柄の起こり得る総数を考える場合の数の基礎についてもまとめます。

図 3-0 第3章【確率】の見取り図

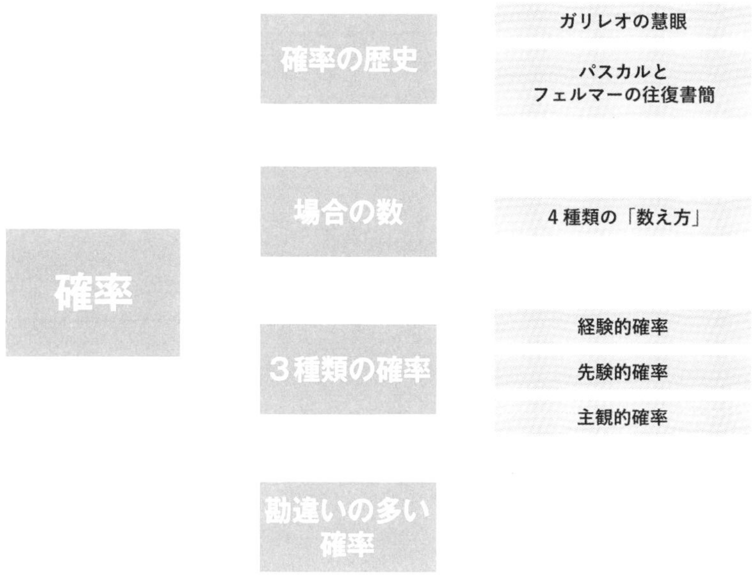

確率

確率の歴史
- ガリレオの慧眼
- パスカルとフェルマーの往復書簡

場合の数
- 4種類の「数え方」

3種類の確率
- 経験的確率
- 先験的確率
- 主観的確率

勘違いの多い確率

# ガリレオの慧眼

## 確率の夜明け前

最初に偶然を扱う数学（確率という概念はまだありません）についての書物をまとめたジロラモ・カルダーノ（1501-1576）は、数学者であると同時に賭博師でもありました。このカルダーノを「確率論」の父だという人もいます。ただし、カルダーノが遺した計算は確率論的には誤っているものも多く、彼が生きた16世紀後半はまだ確率論の夜明け前であったと言った方がいいかもしれません。

そんな中、（今で言う）確率の問題を見事に解決した人物がいます。かのガリレオ・ガリレイ（1564-1642）です。

## 貴族が出した問題

ギャンブル好きの貴族がガリレオにこんな問題を出しました。

【問題】

3個のサイコロを投げたとき、その目の合計が9になる組合せも10となる組合せも同じく6通りである。しかし、経験的には合計が10になることの方が多い。これはなぜか？

3個のサイコロの**目の合計が9**になる組合せは次の通り。

$$\{1,2,6\}、\{1,3,5\}、\{1,4,4\}、\{2,2,5\}、\{2,3,4\}、\{3,3,3\}$$

一方、**目の合計が10**になる組合せは次の通り。

{1,3,6}、{1,4,5}、{2,2,6}、{2,3,5}、{2,4,4}、{3,3,4}

確かにどちらも6通りあります。でもそれぞれの組合せの「出やすさ」は同じでしょうか？　ガリレオは次のように考えました。

**《ガリレオの解答》**

まず $\{a,b,c\}$ タイプの組合せ（3つの目がすべて異なる組合せ）を、出る順序を考慮して並べてみる。

$(a,b,c)$、$(a,c,b)$、$(b,a,c)$、$(b,c,a)$、$(c,a,b)$、$(c,b,a)$

注）数学では、並べる順序を考慮しないときは{　}を、並べる順序を考慮するときには(　)を使うことが多いです。

つまり、**$\{a,b,c\}$ タイプ**は順序を考慮すると**6通り**のパターンを含む。
次に $\{a,a,b\}$ タイプの組合せ（3つの目のうち2つが同じ組合せ）も、出る順序を考慮して並べてみる。

$(a,a,b)$、$(a,b,a)$、$(b,a,a)$

**$\{a,a,b\}$ タイプ**は順序を考慮すると**3通り**のパターンを含む。

最後に**$\{a,a,a\}$ タイプ**の組合せ（3つの目がすべて同じ組合せ）は、出る順序を考慮しても、$(a,a,a)$ の**1通り**。

言いかえれば、$\{a,b,c\}$ タイプの目は、$\{a,a,a\}$ タイプよりも6倍出やすく、$\{a,a,b\}$ タイプの目は、$\{a,a,a\}$ タイプよりも3倍出やすい。

**それぞれの目の組合せのうち、同じ目を含む組合せは出づらいのだ。**
「目の合計が9」の組合せは、$\{a,b,c\}$ ×3、$\{a,a,b\}$ ×2、$\{a,a,a\}$ ×1
「目の合計が10」の組合せは、$\{a,b,c\}$ ×3、$\{a,a,b\}$ ×3

なので、順序を考慮すると目の合計が9になるケースは全部で25通りで目の合計が10になるケースは27通り。

よって、合計が10になるケースの方が「出やすい」。

# パスカルとフェルマーの往復書簡

##  2人の天才が交わした往復書簡

カルダーノやガリレオの生きた時代が確率の夜明け前だとすると、確率論が誕生したのはいつなのでしょうか？　それは1654年です。

この年、**シュヴァリエ・ド・メレ**（1610-1684）というギャンブル好きの貴族が出したある問題についてブレーズ・パスカル（1623-1662）とピエール・ド・フェルマー（1608-1665）は少なくとも6通の手紙をやり取りしています。確率という概念が生まれたのは、人類が誇る大数学者2人が交わしたこの書簡の中でした。

ド・メレが出した問題はこんな問題です。

【問題】

A、Bの2人がそれぞれ32ピストルずつ賭け金を出して、先に3回勝った方を優勝とする勝負をする。Aが2回勝ち、Bが1回勝ったところで勝負を中止したとすると、A、Bそれぞれの取り分をいくらにすればよいか？（注：「ピストル」はフランスの古い金貨）

このような問題のことを**分配問題**と言い、15世紀の初め頃から盛んに議論されていたようです。ただし、当時の一般的な考え方は次のようなものでした。

「既に行われた勝負の中でAは2勝、Bは1勝しているのだから、賭け金の合計64ピストルは2：1に分配するべきである（割り切れないけど……）。」

ド・メレの分配問題についてパスカルは、**「最後までゲームをしたとした**

ら、**どのような結果が生じるのかを明確に計算して分配するべきだ**」と書いています。

**要は、過去の結果だけでなく未来の可能性も考慮するべきだということです。**今では当たり前に感じることかもしれませんが、確率という概念のない時代にあってこれは画期的な考え方でした。パスカルはド・メレの問題を次のように考えました。

**《パスカルの解答》**

*Aが2回勝ち、Bが1回勝ったところで勝負を中止したのだから、もしAが次の試合（4試合目）で勝てば賭け金の合計64ピストルを手にできる。しかし、もしAが負ければ2対2で決着がつかずAはまだ賞金をもらえない。4試合目でAが勝つか負けるかの可能性は半々なので、まずAは64ピストルの半額の32ピストルをもらうべきである。*

*4試合目でAが負けた場合、5試合目でAが勝って賞金をもらえるかどうかの可能性はやはり半々なのでAが、残り32ピストルのうちの半額の16ピストルをもらうのは妥当である。結局Aには全部で、48ピストルを、Bには残りの16ピストルを分配するのが正しい。*

パスカルの考え方は、後に言うところの**期待値**そのものです。

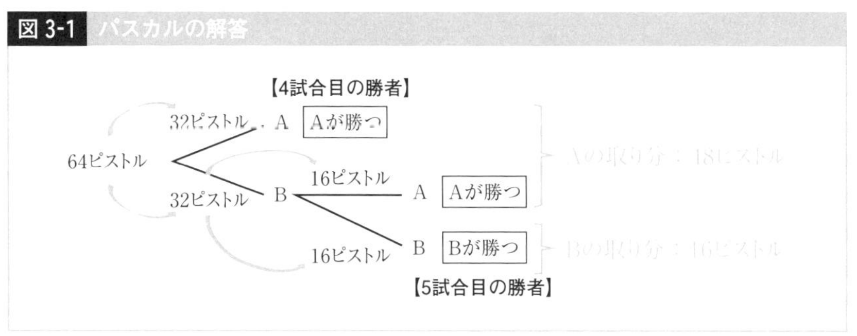


**図 3-1　パスカルの解答**

期待値というのは高校の範囲ですが、簡単に紹介します。

## 期待値(高校の範囲)

ある変数が$x_1$〜$x_n$になる確率が次のようにわかっているとき、$x$の期待値は次のように定義します。

| $x$ | $x_1$ | $x_2$ | …… | $x_n$ | 合計 |
|---|---|---|---|---|---|
| 確率 | $p_1$ | $p_2$ | …… | $p_n$ | 1 |

$$E(x)=x_1p_1+x_2p_2+\cdots\cdots+x_np_n$$

どうして、このように計算した値を「期待値」と呼ぶかと言うと、**上の計算で求まる期待値は$x$の平均と考えることができる**からです。

たとえばあなたが、当たれば100円もらえるくじを過去に5回引き、そのうち2回当たったことがあるとしましょう。賞金が0円だったことが3回、100円だったことが2回なので、過去5回にもらえた賞金の平均は次のようになります。

$$\frac{0\times3+100\times2}{5}=40$$

この計算は次のように書くことができます。

$$0\times\frac{3}{5}+100\times\frac{2}{5}=40 \quad \cdots◎$$

ところで、あなたにとってこのくじは5回中2回当たるくじなので、100円の賞金がもらえる確率は$\frac{2}{5}$、賞金が0円の確率は$\frac{3}{5}$ですね。

これを表にすると次のようになります。

| 賞金 | 0 | 100 | 合計 |
|---|---|---|---|
| 確率 | $\frac{3}{5}$ | $\frac{2}{5}$ | 1 |

こうまとめると、左頁の◎の式は、まさに期待値を計算していることがわかるでしょう。

ところで、◎は平均を求める式を書き直しただけです。期待値というのは「過去の平均を次に出る値として期待するのは合理的である」という考えに基づいて、定義されているのです。

## 現代的な考え方

前述のパスカルの考え方を現代的に翻訳すれば次のようになります。こうして見ると、パスカルが確率の**加法定理**と**乗法定理**（後述）、期待値を見事に駆使していることがよくわかります。

（i）4試合目でAが勝つ確率は、$\frac{1}{2}$

（ii）4試合目でAが負けて、5試合目でAが勝つ確率は

$$\frac{1}{2}\times\frac{1}{2}=\frac{1}{4}\ \text{（乗法定理）}$$

（i）、（ii）より、Aが優勝して賞金をもらえる確率は

$$\frac{1}{2}+\frac{1}{4}=\frac{3}{4}\ \text{（加法定理）}$$

逆にAが賞金をもらえない確率は、これを1から引けば出ます。

$$1-\frac{3}{4}=\frac{1}{4}$$

以上、Aがもらえる賞金と確率を表にまとめます。

| 賞金 | 0 | 64 | 合計 |
|---|---|---|---|
| 確率 | $\frac{1}{4}$ | $\frac{3}{4}$ | 1 |

よって、Aがもらえる賞金の期待値は次のようになります。

$$0\times\frac{1}{4}+64\times\frac{3}{4}=48\ [\text{ピストル}]$$

（ⅱ）のように、2つの事柄（4試合目に負けることと5試合目に勝つこと）が独立している（お互いに影響しない）場合、**それぞれが起きる確率を掛けて、2つの事柄が同時に起きる確率を求めること**を確率の乗法定理と言います。また、最後に（ⅰ）と（ⅱ）を足しているのは、**同時には起きない事柄の確率を足して、どちらかが起きる確率を求める**確率の加法定理を使っています。一方、フェルマーはド・メレの分配問題を次のように考えました。

**《フェルマーの解答》**

*先に3回勝った方を優勝とする勝負をする場合、5試合目までには必ず優勝者が決まる。そこで、3試合目までにAが2勝、Bが1勝した場合に4試合目、5試合目で考え得る勝負の行方とそれぞれの場合の優勝者を書き出してみることとする。*

| | 4試合目の勝者 | 5試合目の勝者 | 優勝者 |
|---|---|---|---|
| ① | A | A | A |
| ② | A | B | A |
| ③ | B | A | A |
| ④ | B | B | B |

*以上よりAが優勝するケースは①〜③の３通り、Bが優勝するケースは④の１通りだけ。よって、賞金（賭け金）の64ピストルは3：1に分配するべきである。すなわちＡには次のように分配するのが正しい。*

$$64\times\frac{3}{4}=48\ [\text{ピストル}]$$

結論はパスカルと同じになります。

このフェルマーの考え方に対して、①と②のケースは４試合目で既に勝負は決している（Aの３勝は確定している）のだから５試合目の行方まで考えるのがおかしいという批判もあったようですが、フェルマーは次のように言って反論しました。

***たとえ４試合目で勝負が決したとしても、Aは（消化試合である）５試合目の勝負を拒む理由はないから、これを考えるのは不合理ではない***

パスカルもフェルマーも、道筋は違いますが、４試合目と５試合目という「未来」のことを考えている点では一致しています。

言うなれば**確率論は未来を見る視点を持った２人の天才によって生み出されたのです。**

# 《発展》4種類のものの数え方

## なぜ社会人に「場合の数」を問うのか？

ある事柄の起こり得る総数のことを場合の数と言います。なんとなく変な日本語ですが、英語では“number of cases”です。

公務員試験や就職試験では、場合の数を求めさせる問題がよく出ます。たとえばこんな問題です。

「一の位、十の位、百の位が、いずれも1から5までの数である3桁の数で、3の倍数となるものは全部で何通りあるか？」

少ない個数を数えるなら、指折り数えても大した手間ではありません。しかし、この問題のように、**ある程度以上の個数のものを効率的に数えるには、パターンを見抜き、適切に場合分けができる「知性」が必要になります。**

ちなみに上の問題は、「3の倍数は、各桁の和が3の倍数」という知識を使って和が3の倍数になる3つの数の組合せを書きだした上で、それぞれの組合せの中に同じ数が含まれるケースとそうでないケースとに分けて数えていくのが定石です（答えは41通り）。

場合の数の問題は、数学の重要な考え方の一つである場合分けが適切にできる能力が問われます。

このようなことができるかどうかを、すなわち受験者の「知性」を手っ取り早く見抜くには、場合の数の問題はうってつけなのです。

## 4種類の数え方

場合の数を考える際の基本、それは「順序を考えるかどうか」と「重複を許すかどうか」を確認することです。それぞれ2通りあるので、**全部で4種類（2×2種類）の数え方があります。**

たとえばA、B、Cの3文字から2文字を選ぶ場合を考えてみましょう。

**図 3-2 場合の数の4種類の数え方**

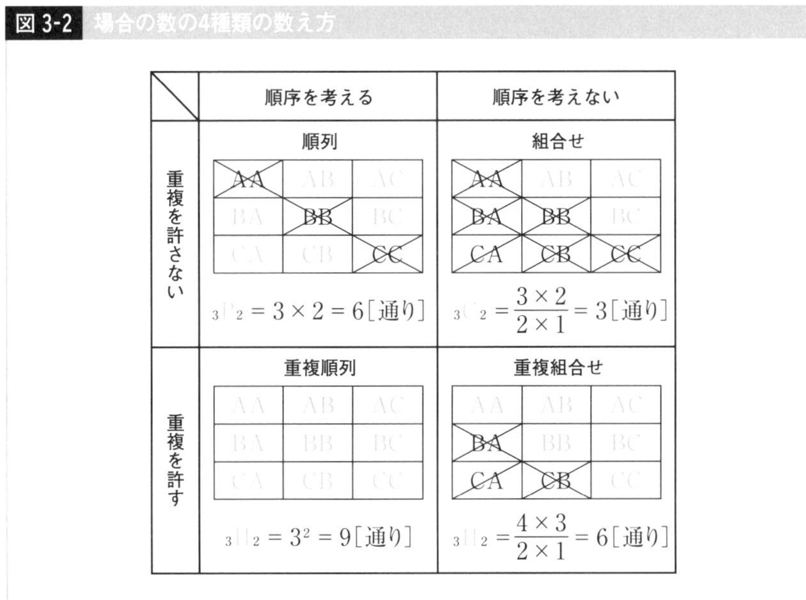


「３種類から２個選ぶ」という点は同じでも、順序と重複の捉え方次第でこれだけの違いが出ます。

本当は、4種類の数え方をすべて詳しく説明したいところですが、重複を許すケースは高校の範囲であり、特に「重複組合せ」の考え方は難しいので、次節では重複を許さない（通常の）順列と組合せについて詳しく解説します。余談ですが、過去の指導要領では、４種類のうち「重複組合せ」だけは、理系の高校３年生が学ぶ内容になっていました（現在は、高校１年生で習います）。

# 階乗の「！」はびっくりの「！」

## 順列（順序を考える＆重複は許さない）

例として、A、B、Cの3人からリーダーとサブリーダーを1人ずつ選ぶ場合の数を考えましょう。ただし、先にリーダーを選び、そのあとでサブリーダーを選ぶことにします。このケースでは、順序を考える必要があり（たとえばA→Bと選ぶ場合とB→Aと選ぶ場合とではチームの雰囲気は変わってくるでしょう）、もちろん重複は許されません。

リーダーの選び方は3人から選ぶので3通り、サブリーダーの選び方は、リーダー以外の2人から選ぶので2通りですね。よって、求める場合の数は3×2＝6 通りであることがわかります。

いくつかのものを順に一列に並べるとき、その並びの一つ一つを順列（permutation）と言います。記号も紹介しておきましょう。

上の例のように、異なる3個（人）から重複を許さずに2個（人）選ぶ順列の総数は、順列を表す英語の頭文字を使って、${}_3\mathrm{P}_2$と表します。

つまり、次のように表します。

$${}_3\mathrm{P}_2=3\times2=6$$

一般に、異なる$n$個から異なる$r$個を取り出して一列に並べる順列を$n$個から$r$個取る順列と言い、その総数は${}_n\mathrm{P}_r$と表します。

例）6つから異なる3つを選ぶ順列の総数

A、B、C、D、E、Fの6つの文字から異なる3文字を選んで一列に並べるときの順列の総数は、次のように計算できます。

$$ {}_6P_3 = 6 \times 5 \times 4 = 120 $$

##  階乗

たとえば、A、B、C、Dの4つの文字から異なる4文字を選んで並べるとき（要は4つすべてを一列に並べるとき）の順列の総数は、以下のようになります。

$$ {}_4P_4 = 4 \times 3 \times 2 \times 1 = 24 $$

計算式の「4×3×2×1」は、4から1までカウントダウンするように1ずつ減らしながら、掛け合わせていますね。数学では、1から$n$までのすべての自然数の積のことを**$n$の階乗**と言い、「$n!$」という記号で表します。つまり、4×3×2×1＝4!です。一般に、異なる$n$個を一列に並べたときの順列の総数は次のように書けます。

$$ {}_nP_n = n \times (n-1) \times (n-2) \times \cdots \times 3 \times 2 \times 1 = n! $$

階乗は、階段を1段ずつ下りるように、掛ける数が1ずつ減っていくのでこの名前が付いたと言われています。

階乗の記号に「！」を使うようになった理由は定かではありませんが、$n$が増えると「$n!$」の値は驚くほどのスピードで大きくなるからだという説があります。実際、52枚のトランプを一列に並べたときの順列の総数${}_{52}P_{52}$＝52! は約$8 \times 10^{67}$となり、地球を構成する原子の総数（$10^{50}$個程度）をゆうに超えてしまいます。

## 組合せ（順序を考えない&重複は許さない）

次は、A、B、Cの3人の中から、ランチの買い出しに行く人を2人選ぶ場合を考えてみましょう。この場合「A→B」と選んでも「B→A」と選んでも、買い出しに行く2人が｛A、B｝であることに変わりはないので、順序を考える必要はありません。つまり、今回の場合の数は、｛A、B｝、｛B、C｝、｛C、A｝の3通りです。

**ものを取り出す（選ぶ）順序を考えずに組を作るとき、これらの組の一つ一つを**組合せ（combination）と言います。

今回の例のように、**異なる3個（人）から重複を許さずに2個（人）取り出して作る組合せの総数**は、やはり英語の頭文字を使って、$_3\mathrm{C}_2$と表します。すなわち、「$_3\mathrm{C}_2=3$」です。

一般に、**異なる$n$個から異なる$r$個を取り出してつくる組合せ**を$n$個から$r$個取る組合せと言い、その総数は$_n\mathrm{C}_r$と表します。

## 順列と組合せの関係

ここで、$_3\mathrm{C}_2$と$_3\mathrm{P}_2$の関係を考えてみましょう。

**図 3-3　順列と組合せの関係**

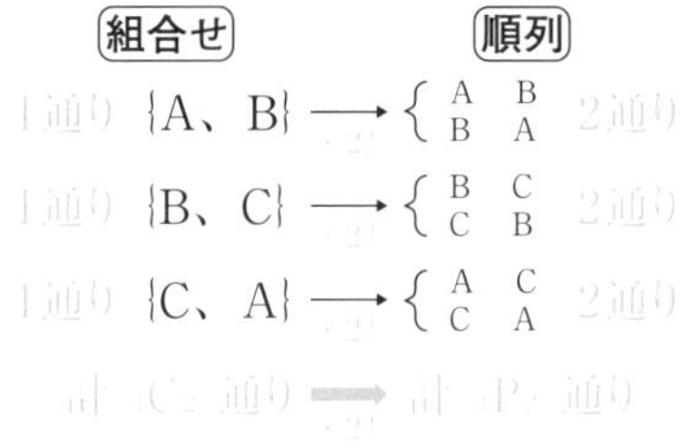

| | 組合せ | | 順列 | |
|---|---|---|---|---|
| 1通り | ｛A、B｝ | ─→（×2!） | A B / B A | 2通り |
| 1通り | ｛B、C｝ | ─→（×2!） | B C / C B | 2通り |
| 1通り | ｛C、A｝ | ─→（×2!） | A C / C A | 2通り |
| | 計 $_3\mathrm{C}_2$ 通り | ⟹（×2!） | 計 $_3\mathrm{P}_2$ 通り | |

たとえば3個から2個取る組合せの1つ｛A、B｝について、これらをすべて並べる順列は、A→BとB→Aの$_2\mathrm{P}_2=2!$通りです。

{B、C} と {C、A} についても同様なので、$_3C_2$通りの組合せからは全部で$_3C_2\times 2!$通りの順列が得られることになります。こうして得られた順列の総数は$_3P_2$通りです。よって次の式が成立します。

$$_3C_2\times 2! = {}_3P_2 \quad \Rightarrow \quad {}_3C_2=\frac{_3P_2}{2!}$$

同じように考えて、順列と組合せの関係を一般化しておきましょう。

$$_nC_r\times r! = {}_nP_r \quad \Rightarrow \quad {}_nC_r=\frac{_nP_r}{r!}$$

## $_nC_r$の計算に慣れよう!

図 3-4 $_nC_r$の計算

$$_5C_3 = \frac{_5P_3}{3!} = \frac{\overbrace{5\times 4\times 3}^{\text{5から始まる3個の数の積}}}{\underbrace{3\times 2\times 1}_{\text{3から始まる3個の数の積}}} = \frac{60}{6} = 10$$

また、たとえば「5個から3個を選ぶこと」と「5個から2個を残すこと」は同じなので、$_5C_3={}_5C_2$のはずです。計算してみればこれが正しいことはすぐ分かります。

$$_5C_2=\frac{5\times 4}{2\times 1}=\frac{5\times 4\times 3}{3\times 2\times 1}={}_5C_3$$

一般に、$_nC_r={}_nC_{n-r}$が成り立ちます。

# 経験的確率と先験的確率と主観的確率

##  確率（probability）の語源

まず確率の定義を確認しておきましょう。

確率……**ある事柄の起こりやすさの程度を表す数値**

確率はふつう0以上1以下の数値で表します。

絶対に起こることの確率は1（100%）であり、絶対に起こらないことの確率は0（0%）です。

188頁で紹介した通り、パスカルとフェルマーの往復書簡の中で確率の概念は生まれましたが、確率（probability）という言葉はまだ使われていませんでした。

probabilityの語源であるラテン語のprobabilisは「もっともらしさ」という意味を持ち、古代ローマ共和国の**キケロ**（前106-前43）が証拠や議論の信憑性の程度を表すために使い始めたと言われています。これが数学的な意味を持ったのは18世紀に入ってからでした。

確率論は、**ヤコブ・ベルヌーイ**（1654-1705）や**アブラーム・ド・モアブル**（1667-1754）らの手によって発展し、19世紀初頭に**ピエール=シモン・ラプラス**（1749-1827）が著した『確率の解析的理論』（1812）とその一般向け解説書である『確率の哲学的試論』（1814）によって総括されました。ラプラスこそ古典的確率（私たちが「確率」と聞いてイメージするもの）の完成者です。

ちなみに日本語の「確率」という用語は、“probability”の訳語として太平洋戦争後に定着しました。それ以前は「確カラシサ」「蓋然性」「公算」「偶然率」なども訳語として使われていたようです。

## 経験的確率と先験的確率

2023年に、オランダのアムステルダム大学をはじめとする研究者たちは「コイン投げで表が出る確率は50%ではない」という論文を発表しました。論文は、合計で35万757回コインを投げて集計したところ、最初に上になっている面が投げられた後も上になる傾向があり、その確率は50.8%だったと報告しています。

ちょうど50%にならない原因には、コインをはじくときの親指の動きがコインにもたらす揺れや、投げる人の癖などが考えられるとのことです。

このように、実際に行ったデータから求めた割合のことを経験的確率（あるいは統計的確率）と言います。

一方、起こり得るすべての場合の数に対する、特定の事柄が起きる場合の数の割合で定義する確率を先験的確率（あるいは数学的確率）と言います。ただし、この計算に使う「場合の数」は1つ1つが**同様に確からしい**（同程度に起こり得ると期待できる）ことが前提です。

$$確率 = \frac{特定の場合の数}{すべての場合の数}$$

## 主観的確率

確率にはもう一つ「主観的確率」と呼ばれるものがあります。これは、「今度の契約が取れる確率は80%だと思う」のように特定の事柄が起きる不確実性の程度を、個人的な信念や見解を混ぜて評価した確率です。主観的確率は意思決定やリスク評価にしばしば用いられますが、中学・高校では学びません。

# 勘違いされやすい確率いろいろ

## 勘違いされることの多い確率①《初級編》

「確率」ほど、日常語に入り込んでいる数学用語は他にありません。だからこそ、確率については勘違いが多いです。そこで、この節では勘違いされることの多い確率の問題をいくつか紹介したいと思います。

まずは、ラプラスが師匠である**ジャン・ル・ロン・ダランベール（1717-1783）**と活発な議論を交わした有名な問題を紹介しましょう。ポイントは同様に確からしいかどうかです。

**《問題》**

**コインを2枚投げて、2枚とも表である確率を求めなさい。**

**《よくある勘違い》**

コインの表と裏の出方は｛表、表｝｛表、裏｝｛裏、裏｝の3種類。よって、｛表、表｝になる確率は、$\frac{1}{3}$。

ダランベールもこのように考えましたが、これは間違っています。

なぜなら、｛表、表｝と｛裏、裏｝は順列で考えてもそれぞれ（表、表）、（裏、裏）の1通りですが、｛表、裏｝を順列で考えると（表、裏）と（裏、表）の2通りがあり、｛表、裏｝は、｛表、表｝や｛裏、裏｝より2倍出やすいからです。つまり、**｛表、表｝｛表、裏｝｛裏、裏｝の3つは同様に確からしくありません。**

一方のラプラスは次のように正しく考えました。

**《正しい解答》**

2枚のコインの目の出方は（表、表）（表、裏）（裏、表）（裏、裏）の4種類と考えるべきである。よって、（表、表）になる確率は、$\frac{1}{4}$。

**図 3-5 コインの表と裏の出方**

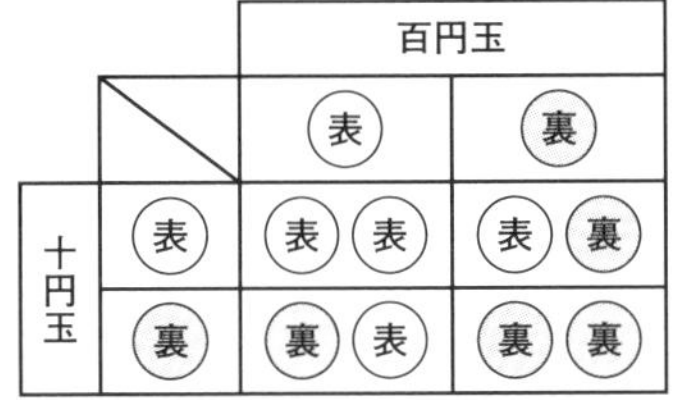


表の4つのコインの出方はどれも同様に確からしいので、（表、表）になる確率は $\frac{1}{4}$

ラプラスの考え方は、187頁で紹介したガリレオの考え方に通じます。

確率において、同様に確からしいかどうかを考えることは、複数の対象を同等に扱ってよいかどうかを考えることです。このためには対象をしっかりと観察する必要があります。

## 勘違いされることの多い確率②《中級編》

くじは早く買わないと当たりが無くなってしまうイメージがあるかもしれませんが、次の問題がわかれば、いつ買っても当たる確率は同じであることがわかるでしょう。

**《問題》**

**10本中3本が当たりのくじをA、Bがこの順で引き、引いたくじは元に戻さないとする。AとBが当たる確率をそれぞれ求めなさい。**

**《解答》**

Aが当たる確率は簡単です。Aが当たる確率＝$\frac{3}{10}$

一方、Bが当たるケースは「Aが当たってBが当たる」ケースと「Aが外れてBが当たる」ケースがありますので、それぞれのケースを足して考えます。すなわちBが当たる確率は次のようになります。

$$\text{Bが当たる確率}=\frac{3}{10}\times\frac{2}{9}+\frac{7}{10}\times\frac{3}{9}=\frac{6+21}{90}=\frac{27}{90}=\frac{3}{10}$$

**先に引くAも後から引くBも当たる確率は同じです。**

## 勘違いされることの多い確率③《上級編》

**《問題》**

**99%確かな検査で1万人に1人の不治の病と診断された（陽性になった）場合、本当に「不治の病」にかかっている確率を求めなさい。**

**《解答》**

簡単にするために、全国で100万人がこの検査を受けているとします。「不治の病」の割合は1万人に1人なので、100万人中100人はこの病に冒されています。逆に言えば99万9900人は健康です。「99%確かな検査」ですから、**病にかかっている100人のうち99人は陽性**になります。一方、1%は誤って診断されるので、**健康な99万9900人のうち9999人も陽性**になります。つまりこの検査で陽性になる計 99＋9999 人のうち、本当に不治の病にかかっている人は99人です。よって検査で陽性の人が本当に不治の病である確率は次のようになります。

$$\text{検査で陽性の人が本当に不治の病である確率}=\frac{99}{99+9999}=0.0098\cdots$$

わずか1%にも満たないのは、驚きではないでしょうか？

この解答は高校で習う条件付き確率を使っています。**条件付き確率は、意外な真実を教えてくれることが多いです。**

# 第4章

# 関数

# 関数―科学革命の勃興―

## デカルトが起こした革命　「座標」と「変数」

16〜17世紀のヨーロッパではいわゆる科学革命が起きました。

人々の世界観が「世界の中心は神であり、神の定めが真理である」とするスコラ哲学に基づく考え方から、**経験と観察に基づく科学的方法へと大きく変わっていった**のです。

数学において革命の口火を切ったのはデカルト（1596-1650）でした。

デカルトは2本の数直線を垂直に交差させた座標平面を発明し、(2,3) のような数字の組合せと座標平面上の点を**1対1に対応**させました。さらに変数という、未知（わからないこと）であるだけでなく不定（1つに定まらないこと）の量を導入し、言わば**「数値の入れ物」**を用意しました。

この2つの導入によって、人類は数式と図形（グラフ）を結びつけられるようになりました。**数学史の2大潮流だった代数学（方程式）と幾何学（図形）が一つになったのです。**

そして、座標と変数がなければ関数は生まれず、関数がなければ微分積分も存在し得ませんから、デカルトのアイデアが新しい時代の扉を開いたことは間違いありません。

本章では、そんな座標と変数、関数のイロハを説明したあと、関数の例として、比例と反比例、一次関数、二次関数およびそれぞれのグラフやグラフと方程式の関係も紹介します。また、中学の範囲ではありませんが、微分積分の概念や珍しいいろいろな関数についても少しだけ触れます。

図 4-0 第4章【関数】の見取り図

関数

関数のイロハ
- 関数のイロハ
- 座標
- 変数

比例
- 比例
- 比例のグラフ

反比例
- 反比例
- 反比例のグラフ

一次関数
- 一次関数
- 一次関数のグラフ
- 方程式のグラフ

二次関数
- $y=ax^2$
- $y=ax^2$のグラフ

微分積分入門
- 微分とは
- 積分とは

いろいろな関数
- 床関数
- 天井関数

# 自動販売機と関数は似ている

## 座標

［図4-1］のように、点Oで垂直に交わる2本の数直線を考え、以下のように定義します。

$x$軸（横軸）……**横の数直線**

$y$軸（縦軸）……**縦の数直線**

座標軸……**$x$軸と$y$軸を合わせたもの**

原点……**2本の座標軸の交点O**

座標……**（2,3）のような点の位置を表す数の組**

$x$座標……**（●,▲）の●の方**

$y$座標……**（●,▲）の▲の方**

座標系……**座標軸と原点で位置（座標）をどう定めるかのルール**

座標平面……**座標系が与えられた平面**

**図 4-1 直交座標系とは**

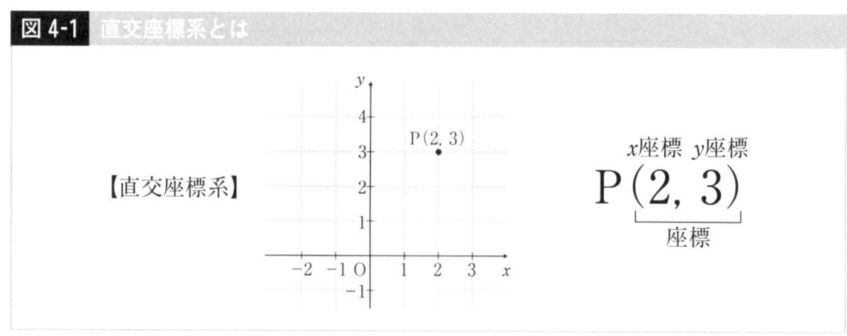


なお、座標系には他に、基準とする線（始線）からの角度と原点からの距離によって位置を定める**極座標系**や、座標軸が斜めに交差する**斜交座標**

系などもあります。これらと区別するため、$x$軸と$y$軸を直交させて、それぞれの軸からの距離で位置を決める（ふつうの）座標系のことを直交座標系とか、発案者のデカルトにちなんでデカルト座標系と言うことがあります。本書で今後登場する座標系はすべて直交座標系です。

## 変数

次に変数を導入しましょう。[図4-2] を見てください。

座標平面上の原点を通る直線$l$の上に2つの点$P_1$と$P_2$があって、それぞれから$x$軸におろした垂線と$x$軸の交点を$Q_1$と$Q_2$にします。

すると△$OP_1Q_1$と△$OP_2Q_2$は相似となり、定数$a$を用いれば、

$y_1=ax_1$と$y_2=ax_2$が成り立つことがわかります。

これは、直線$l$上に任意の点Pを取り、その座標を（$x,y$）とすれば、常に$y=ax$という式が成り立つことを示唆しています。

図 4-2 変数の導入

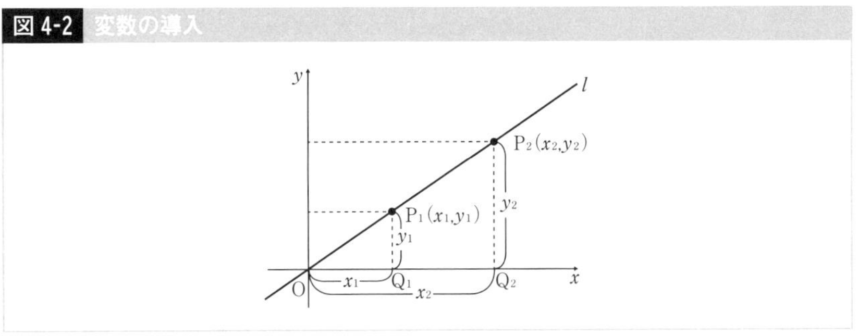


今さらっと**「任意の点P」**と書きましたが、実はこれこそが大変画期的なことなのです。

直線$l$上にある無数にある点Pの座標（$x,y$）について$y=ax$が成立するということは、この式の**（$x,y$）は未知であり、かつ不定ということ**になります。デカルトは未知であるだけでなく、いろいろな値を取り得るこのような数のことを変数と名付けました。

## 関数

ではいよいよ、関数の登場です。いつものようにまずは定義から。

関数……**変数$x$の値に応じて、変数$y$の値がただ1通りに決まるとき、「$y$は$x$の関数である」と言う**

$y$が$x$の関数であるとき、入力値である$x$があるルールによって$y$に変換されます。ただし、どんな変換でもいいわけではありません。関数の定義で大事なのは$y$の値が$x$の値によって**ただ1通りに決まる**という点です。

どうしてこの点が重要なのかを理解するには、「自動販売機が信用できる条件」をイメージしていただくのが良いと思います。

今、自動販売機には①〜④までの4つのボタンがあって、①と②のボタンの上にはコーヒーが、③のボタンの上にはコーラが、④のボタンの上にはオレンジジュースがディスプレイされているとしましょう。

図 4-3 信用できる自動販売機

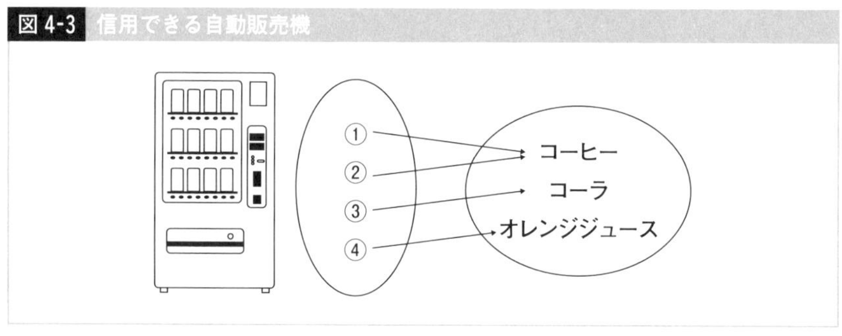


この自動販売機で買うとき、①のボタンを押しているのに、押す度にコーヒーが出たりコーラが出たりするとか、①を押しても③を押してもコーヒーが出てくる、なんてことがあったら信用できませんよね？

$x$を$y$に変換するときも同じです。**$x$としてある特定の値を入力したら、必ず特定の$y$の値に変換される、そういう信頼できる変換システムのことを数学では「関数」と呼びます。**

## 関数の歴史

英語で「関数」を意味する“function”を数学用語として最初に使ったのは**ゴットフリート・ライプニッツ**（1646-1716）です。ただし当初は現代とは違う意味でした。その後、「史上最も論文の多い数学者」としてギネスにも載っている**レオンハルト・オイラー**（1707-1783）が「いくつかの数式と定数で表されるすべての式」を“function”と呼びました。

ここに「変数の値によってただ一つの値が決まるもの」という定義を付け加えたのは、「フランスのガウス」と呼ばれ、数学の厳密主義のパイオニアでもある**オーギュスタン=ルイ・コーシー**（1789-1857）です。

## 関数はもともと「函数」だった

「関数」はもともと中国から輸入した言葉です。ただし当初は「函数」という漢字でした。“function”が中国で「函数」と訳された理由は、「函数」の発音（hánshù）が英語の“function”と近いことに加え、「函」の漢字の意味が関数の本質をよく表しているからです。

「函」には箱という意味があります。

**ある「函」に $x$ という値を入力した際、$x$ の値に応じて得られた $y$ という出力に対して、$y$ は $x$ の函数（関数）である**と言うのは関数の概念をよく表しています。だからこそ「函数」という訳語が選ばれたのでしょう。

**図 4-4** 関数の起源「函数」

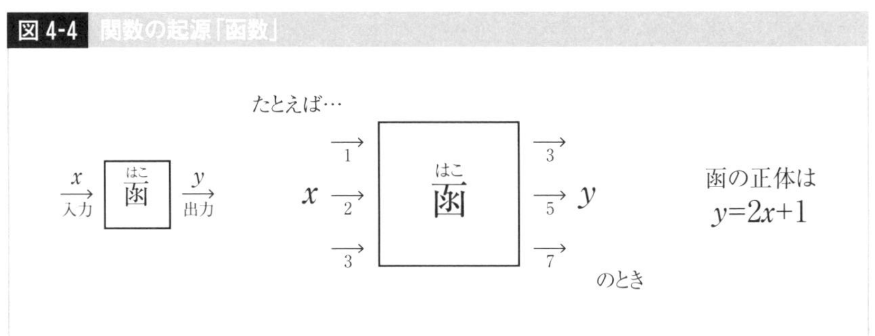

# 比例は最も易しい関数

## 比例の基本

まずは比例の定義です。

比例……**変数$x$の値が2倍、3倍、4倍～になるにしたがって、それに対応する変数$y$の値も2倍、3倍、4倍～になるとき、$y$は$x$に比例すると言う**

図 4-5 比例の例

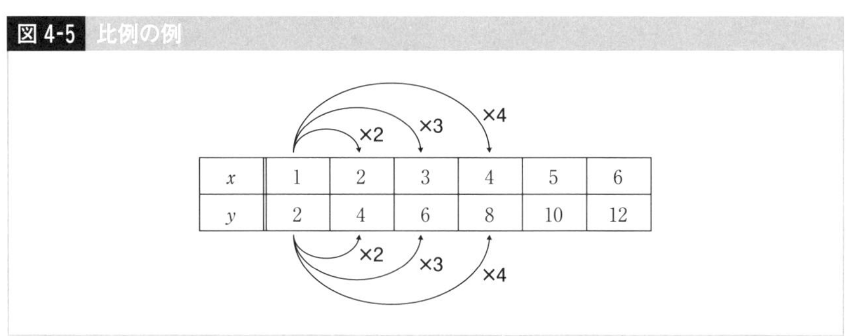


| $x$ | 1 | 2 | 3 | 4 | 5 | 6 |
|---|---|---|---|---|---|---|
| $y$ | 2 | 4 | 6 | 8 | 10 | 12 |

上の表の$y$は必ず$x$の2倍になっています。つまり$\boldsymbol{y=2x}$です。実は、**$y$が$x$に比例するとき、$x$と$y$の間には必ず、$y=ax$という関係式が成り立ちます。**ここで$a$は0でない定数で比例定数と言います。逆に、0でない定数$a$を用いて**$x$と$y$の関係が$y=ax$と表されるとき、$y$は$x$に比例します。**

**$y$は$x$に比例する　⇔　$y=ax$（$a$は0でない定数）**

## 比例の利用

ある2つの変数について、片方が他方に比例していることがわかれば、即座に$y=ax$という数式が使えます。

たとえば、近所のドラッグストアでポイントを貯めていたら、**6ヶ月（1ヶ月を30日として180日）で9000ポイント**貯まったとします。**20000ポイントたまるまであと何日くらいかかる**でしょうか？

今後も今までと同じペースで買い物を続けるなら、日数が2倍、3倍……になれば、ポイントの合計も2倍、3倍になるのは明らかですね。つまり**ポイントの合計は日数に比例します。**日数を$x$（日）、ポイントの合計を$y$とすれば、**$y$は$x$に比例するので、$y=ax$と書けます。**

今、$x=180$のとき、$y=9000$なので

$$y=ax \quad \Rightarrow \quad 9000=a\times 180 \quad \Rightarrow \quad a=50 \quad \Rightarrow \quad y=50x$$

となります。よって、$y=20000$になるのは、

$$20000=50x \quad \Rightarrow \quad x=400$$

より、（最初から数えて）400日目です。既に180日が経過しているので残り**220日（7ヶ月と少し）で20000ポイントは達成できそう**だとわかります。

## $y$は$x$に比例する⇔$y=ax$の証明

$y$が$x$に比例することと、$y=ax$という数式が同値（数学的に同じ意味）であることを証明しておきましょう。

なお、AとBが同値（A⇔B）であることの証明は、A⇒BとB⇒Aの両方の証明が必要であることに注意してください。

### （ⅰ）「$y$はxに比例する　⇒　$y=ax$」の証明

比例の定義より、$y$が$x$に比例するならば「$x$が2倍、3倍…になるにしたがって$y$も2倍、3倍…になる」わけですが、言いかえればこれは、**$x$が$x_1$（基準）の$k$倍であるとき、$y$も$y_1$（基準）の$k$倍である**ということです。なお、基準となる$x_1$や$y_1$は0でないとします（基準が0のときは、何倍しても0のままで$x$と$y$が変数ではなくなってしまうからです）。よって、

$$\begin{cases} x=kx_1 \cdots ① \\ y=ky_1 \cdots ② \end{cases}$$

ここで$k\neq0$（すなわち$x\neq0$）として$\frac{②}{①}$を作り、$\frac{y_1}{x_1}=a$とおけば、

$$\frac{y}{x}=\frac{ky_1}{kx_1}=\frac{y_1}{x_1}=a \Rightarrow y=ax(a\text{は0でない定数})\cdots ③$$

なお、$k=0$のとき①と②から、$x=0$、$y=0$となりますが、
$(x,y)$ ＝（0,0）は明らかに③を満たします。

**（証明終わり）**

### （ⅱ）「$y=ax$　⇒　$y$は$x$に比例する」の証明

$x$と$y$の間に$y=ax$という関係が常に成立しているとき、基準となる$x_1$や$y_1$もこの式を満たすので、$y_1=ax_1$と書けます。

ここで、$x_2=kx_1$として$(x,y)=(x_2,y_2)$も$y=ax$を満たすならば

$$y_2=ax_2=a(kx_1)=k(\boldsymbol{ax_1})=k\boldsymbol{y_1}$$

となることから、$y_2=ky_1$であることがわかります。

$(x_2, y_2)$ が $y=ax$ を満たすとき、$x_2$ が $x_1$ の $k$ 倍ならば、$y_2$ も $y_1$ の $k$ 倍になるというわけです。よって、$y$ は $x$ に比例すると言えます。

**（証明終わり）**

## 比例関係を図に表す

次の表は、$y=2x$ の $x$ に−5から5までの整数を代入したものです。

| $x$ | −5 | −4 | −3 | −2 | −1 | 0 | 1 | 2 | 3 | 4 | 5 |
|---|---|---|---|---|---|---|---|---|---|---|---|
| $y$ | −10 | −8 | −6 | −4 | −2 | 0 | 2 | 4 | 6 | 8 | 10 |

この表の11組の $(x,y)$ の座標を、座標平面に書き入れていくと、下の［図4-6］の左の図のようになります。これらの点をなめらかに繋いでみたのが、［図4-6］の右の図です。**原点を通る直線**が現れます。

図 4-6 比例のグラフ

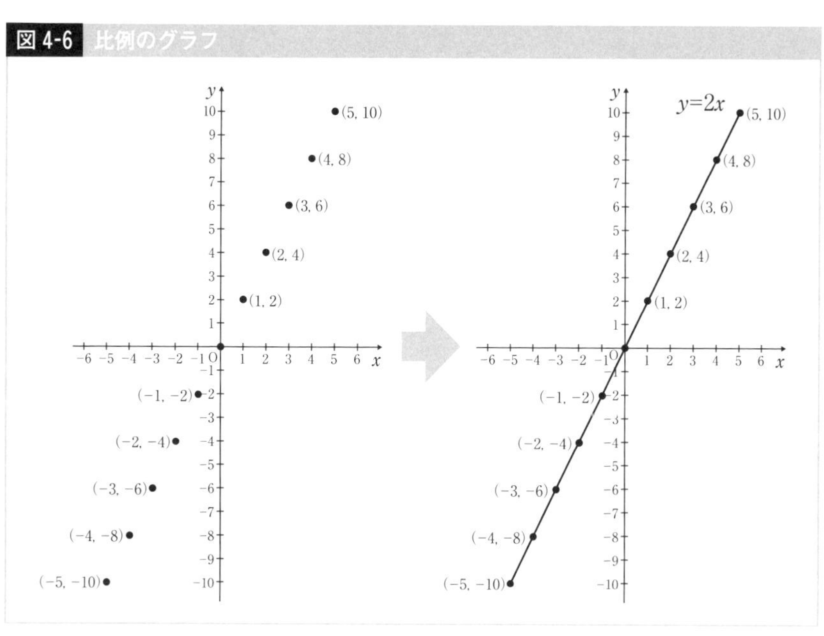

# 関数のグラフとは？

## 集合として一致すれば「1対1対応」が実現する

一般に、**$y = ax$を満たす任意の点（$x$,$y$）は、原点を通る直線上にあり
ます**。逆に、**原点を通る直線上にある任意の点（$x$,$y$）は、$y = ax$を満
たします**（※「任意」とは「自由に選べる」という意味です）。

ここで、「逆に〜」からの文章は、その前の一文と同じ意味ではないことに気をつけてください。

たとえば「①ケーキが好きな人は誰でもコーヒーが好き」と「②コーヒーが好きな人は誰でもケーキが好き」は意味が違います。もし、コーヒーが好きな人の集合の中に、ケーキが好きな人の集合が完全に含まれるなら、①は成り立ちますが、②は成り立ちません（コーヒーは好きだけれど、ケーキは嫌いな人が存在します）。

**図 4-7 集合として一致しない＝1対1に対応しない**

右の図のようになっているとき、
「ケーキが好きな人は誰でもコーヒーが好き」は
正しいが、
「コーヒーが好きな人は誰でもケーキが好き」は
正しくない

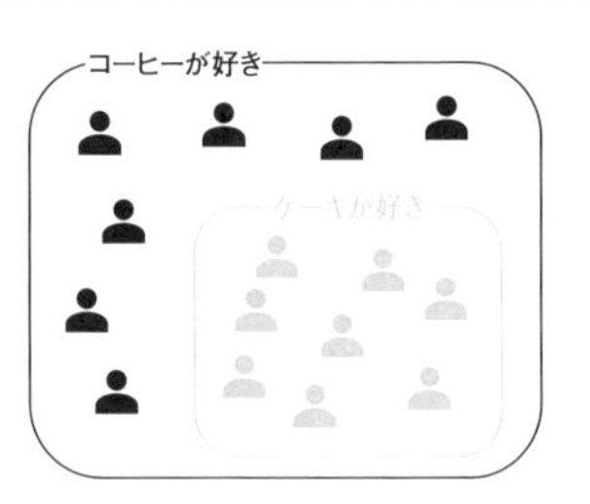


**①と②が同時に成り立つのは、ケーキが好きな人の集合とコーヒーが好きな人の集合が完全に一致するとき**です。そうなれば、**2つの集合の要素**

**の数も一致し、それぞれが**1対1に対応**します。**

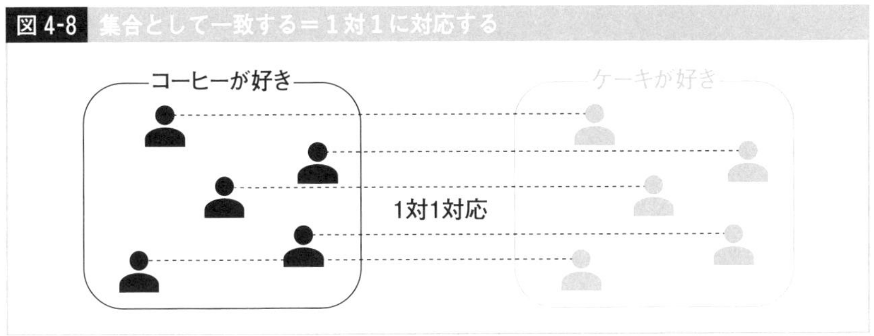


図 4-8　集合として一致する＝1対1に対応する

## 1対1対応が便利な理由

**数学では、「1対1対応」が非常に重要です。**

［図4-8］のように、ケーキが好きな人とコーヒーが好きな人が1対1に対応しているのであれば、ケーキが好きな人について調べることと、コーヒーが好きな人について調べることは同じです（結局同じメンバーを調べることになります）。

数学でも、調べたいＡと1対1対応している別のＢが見つかって、Ｂの方が調べやすいのであれば、Ａを調べる代わりにＢを調べるということがよくあります。

話を関数に戻しましょう。

**$y$が$x$の関数であるとき、対応する（$x,y$）を座標とする点を、すべて座標平面上にとってできる図形**を、**その**関数のグラフと言います。

言いかえれば、関数の式を満たす（$x,y$）の集合と、その関数のグラフ上の点（$x,y$）の集合は一致する（すなわち1対1に対応する）ということです。

関数について調べるとき、私たちはしばしば関数のグラフを調べます。それは**数式を満たす値とグラフの点が1対1に対応していて、なおかつ数式を調べるよりグラフを調べた方が直感的でわかりやすいからです。**

## $y=ax$と原点を通る直線の1対1対応を調べる

原点を通る直線を「$y=ax$のグラフである」と言うためには、216頁のブルーの囲いの部分を確かめる必要がありますが、実は後半の「原点を通る直線上にある任意の点（$x,y$）は$y=ax$を満たす」は、209頁の［図4-2］で紹介済みです。そこで前半の「$y=ax$を満たす任意の点（$x,y$）は、原点を通る直線上にある」を証明しておきましょう（［図4-2］を見ながら読んでください）。

**《証明》**

座標平面上で$y=ax$を満たす任意の点を、$P_1(x_1,y_1)$、$P_2(x_2,y_2)$とし、それぞれから$x$軸に下ろした垂線の足を$Q_1$、$Q_2$とする。

$y_1=ax_1$、$y_2=ax_2$なので、これらの$x$座標が0でないとき、

$$\frac{y_1}{x_1}=a、\frac{y_2}{x_2}=a$$

このとき、$\triangle OP_1Q_1$と$\triangle OP_2Q_2$は、直角をはさむ2辺の比が等しい（2辺の比とその間の角が等しい）ので相似。よって、$\angle P_1OQ_1=\angle P_2OQ_2$。

これは、$P_1(x_1,y_1)$と$P_2(x_2,y_2)$が原点を通る同じ直線上にあることを意味する。

なお、$y=ax$を満たす点のうち、$x$座標が0であるものは原点であり、明らかに原点を通る直線上にある。

以上より、$y=ax$を満たす任意の点は原点を通る直線上にある。

**（証明終わり）**

$y=ax$を満たす（$x,y$）も、原点を通る直線上の点も無数にあるため、両者の１対１対応を、１つ１つ具体的に調べて示すのは不可能です。そこで

「任意の～」を文字で表して抽象化して証明しています。これで、無数の点についてすべて調べたのと同じ事になります。最初はちょっと取っ付き難いかもしれませんが、数学ではよく使う手法です。

## 比例のグラフのまとめ

たとえば、$y=-0.5x$のグラフはどのようなグラフになるでしょうか？

これも表を作って、対応する $(x,y)$ の点を座標平面上にとって、なめらかに繋いでみましょう。

**図 4-9　グラフが右肩下がりの直線になる例**

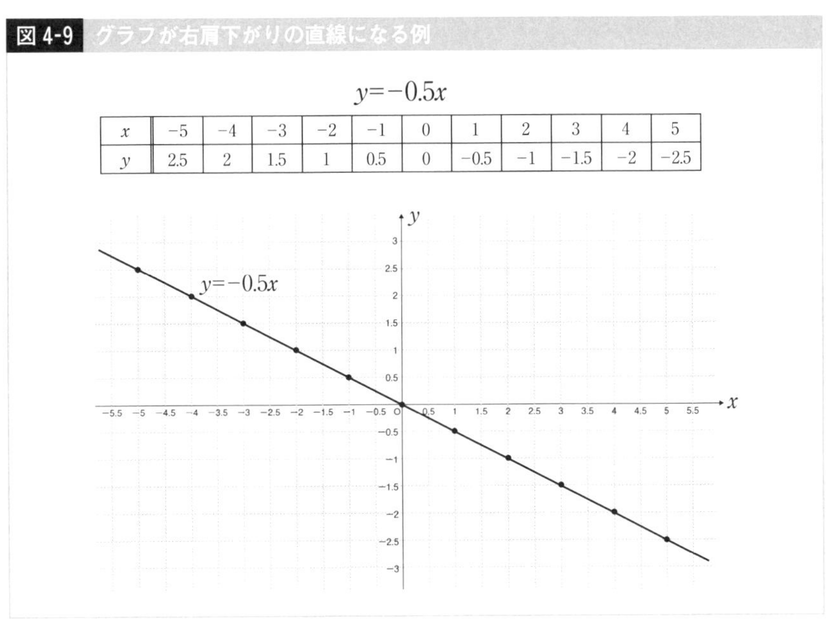

$y=-0.5x$

| $x$ | −5 | −4 | −3 | −2 | −1 | 0 | 1 | 2 | 3 | 4 | 5 |
|---|---|---|---|---|---|---|---|---|---|---|---|
| $y$ | 2.5 | 2 | 1.5 | 1 | 0.5 | 0 | −0.5 | −1 | −1.5 | −2 | −2.5 |



［図4-9］を見ると、$y=-0.5x$のグラフは原点を通る右肩下がりの直線になるようです。一般に、$y=ax$のグラフは次のようになります。

$a$が正の場合……右肩上がりの**原点を通る直線**

$a$が負の場合……右肩下がりの**原点を通る直線**

# 反比例とは$y$が$\dfrac{1}{x}$に比例すること

## 反比例の基本

**$y$が$\dfrac{1}{x}$に比例すること**を$y$は$x$に反比例すると言います。

「$y$が$\dfrac{1}{x}$に比例する」というのは、$\dfrac{1}{x}$が2倍、3倍、4倍…になるにしたがって、$y$も2倍、3倍、4倍…になるという意味です。

**図 4-10 反比例の例**

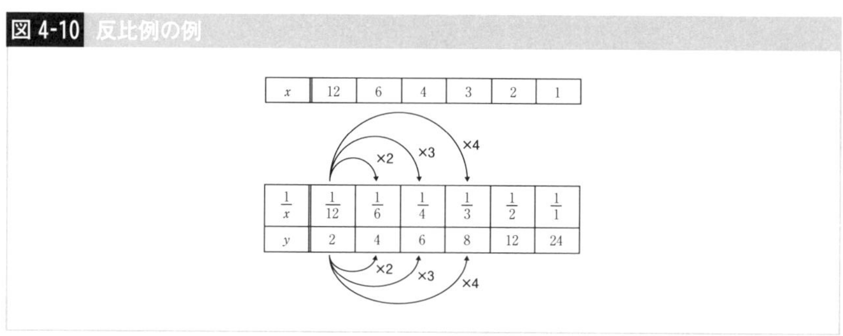

| $x$ | 12 | 6 | 4 | 3 | 2 | 1 |
|---|---|---|---|---|---|---|

| $\frac{1}{x}$ | $\frac{1}{12}$ | $\frac{1}{6}$ | $\frac{1}{4}$ | $\frac{1}{3}$ | $\frac{1}{2}$ | $\frac{1}{1}$ |
|---|---|---|---|---|---|---|
| $y$ | 2 | 4 | 6 | 8 | 12 | 24 |



$y$が$x$に比例することと$y=ax$という数式が同値（数学的に同じ意味）だったように、$y$が$x$に反比例すること（$=y$が$\dfrac{1}{x}$に比例すること）と$y=a\cdot\dfrac{1}{x}=\dfrac{a}{x}$という数式は同値です。$y=\dfrac{a}{x}$は**「分数計算のトライアングル」**（35頁）を使って、$xy=a$と変形しても構いません。

$$y\text{が}x\text{に反比例する} \quad \Leftrightarrow \quad y=\frac{a}{x} \quad \Leftrightarrow \quad xy=a$$

## 反比例のグラフ

$y$が$x$に反比例するときのグラフはどうなるでしょうか？

例として$xy=12$を満たす（$x,y$）の点のうち、$x$座標も$y$座標も整数になるものをなめらかに繋いでみましょう。

| $x$ | −12 | −6 | −4 | −3 | −2 | −1 | 1 | 2 | 3 | 4 | 6 | 12 |
|---|---|---|---|---|---|---|---|---|---|---|---|---|
| $y$ | −1 | −2 | −3 | −4 | −6 | −12 | 12 | 6 | 4 | 3 | 2 | 1 |

図 4-11 反比例のグラフ

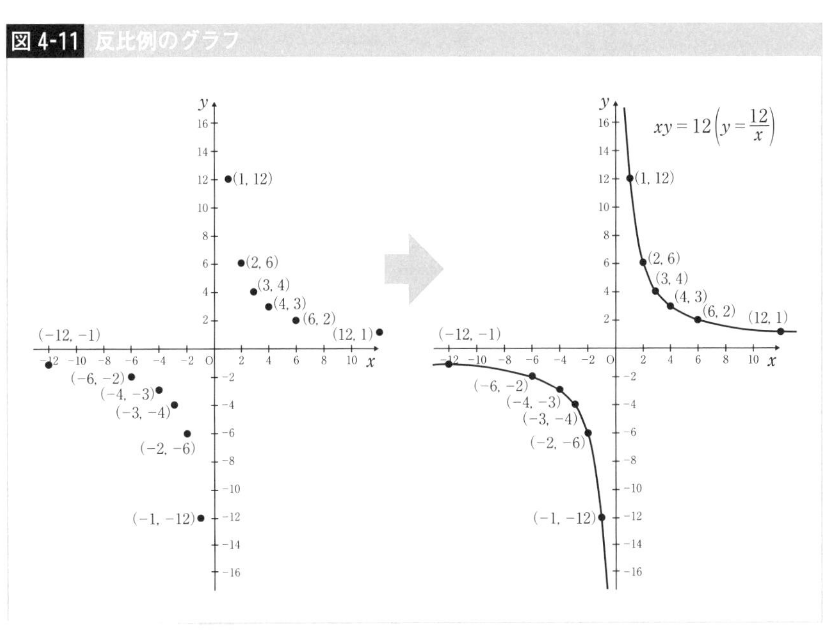


一般に、**反比例のグラフ**は上のような原点について対称な双曲線になります。ただ、残念ながらこのことを中学数学のレベルで証明することはできません。証明には微分が必要です。

# 一次関数は比例関係の発展形

## 一次関数

$y$が次のような式で表されるとき、**$y$は$x$の一次関数である**といいます。

$$y = ax+b$$（$a$は0でない定数、$b$は定数）

お気づきだとは思いますが、上の式で$b=0$とおくと次のようになります。

$$y = ax$$

これは、比例の式ですね。

つまり、**比例は一次関数の特別な場合であり、一次関数は比例する量に定数を足したもの**と言えます。

## 一次関数の例

水道料金は通常、基本料金と使用料金（従量料金）の合計で決まります。たとえば、基本料金2000円、使用料金20$m^3$までは0円、20$m^3$を超えると1$m^3$あたり60円と決まっているとすると、水道を$x$（$m^3$）使用したときの$y$（円）は一次関数になります。

$$y=2000+60(x-20)=60x+800$$（ただし、$x \geqq 20$）

## 一次関数のグラフ

$y=ax$のグラフが原点を通る直線になることは、既に証明しました（218頁）。これを$b$の分だけ底上げ（平行移動）したのが、一次関数のグラフです。

図 4-12　一次関数のグラフは比例のグラフを平行移動したもの

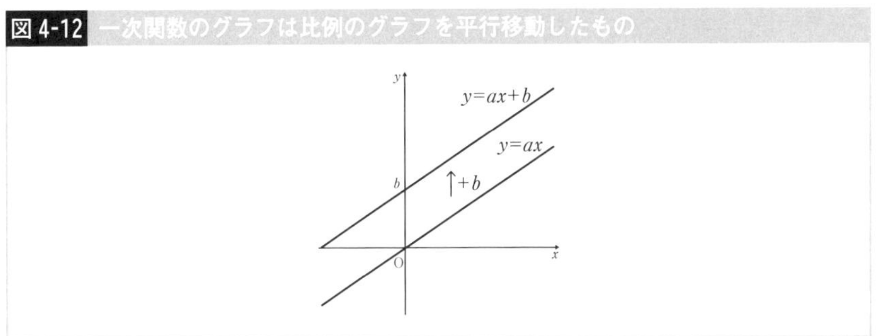


よって、**$y=ax+b$のグラフは（0,$b$）を通る直線になります。**（0,$b$）はグラフと$y$軸との交点で、これを$y$切片と言います。

## 変化の割合

一次関数、$y=ax+b$のグラフにおける$b$の意味は比例関係からの「底上げ分」であり、グラフにおいては$y$切片なのでイメージがわきやすいと思います。では、$a$の方はどうでしょうか？

ここで、$a$の意味をはっきりさせるために、変化の割合と呼ばれる量を導入させて下さい。$y$が$x$の関数であるとき、（$x$が入力で、$y$が出力であるとき）**変化の割合は、$x$の変化分に対する$y$の変化分の割合**（$x$の変化分が「もとにする量」、$y$の変化分が「比べられる量」）です。

$$\text{変化の割合}=\frac{y\text{の変化分}}{x\text{の変化分}}$$

## 一次関数の変化の割合

今、$y=ax+b$において、$x$の値が$x_1$から$x_2$まで変化したとき、$y$の値が$y_1$から$y_2$まで変化したとします。

このときの変化の割合を、定義に従って計算してみましょう。

| $x$ | $x_1$ | → | $x_2$ |
|---|---|---|---|
| $y$ | $y_1=ax_1+b$ | → | $y_2=ax_2+b$ |

$$
\begin{aligned}
\text{変化の割合} &= \frac{y\text{の変化分}}{x\text{の変化分}} \\
&= \frac{y_2-y_1}{x_2-x_1} = \frac{(ax_2+b)-(ax_1+b)}{x_2-x_1} \\
&= \frac{ax_2-ax_1}{x_2-x_1} = \frac{a(x_2-x_1)}{x_2-x_1} = a
\end{aligned}
$$

目がチカチカするような、文字式の計算は嫌かもしれません。でも、こうやって文字式を使って抽象化したことで、**一次関数では、$x$がどのように変化するかに関わりなく、変化の割合は常に$a$（一定）になる**ことがわかりました。

次は、グラフにおける$a$の意味を探っていきましょう。

## 傾きとは

**「変化の割合＝$\frac{y\text{の変化分}}{x\text{の変化分}}$」は、グラフ上の2点を結ぶ直角三角形の$\frac{\text{縦}}{\text{横}}$を表している**ことになります。数学ではこれを傾きと呼びます。つまり、**傾きとは「横方向の変化分に対する縦方向の変化分の割合」です。**

**図 4-13** グラフにおける「変化の割合」の意味

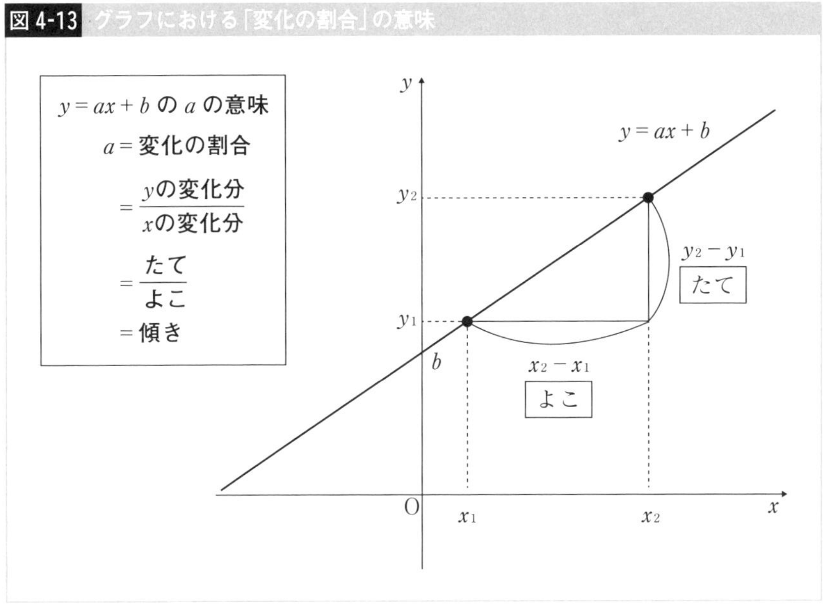


$a$が正の場合、$x$の変化分と$y$の変化分の符号が同じなので、$x$が増加するとき$y$も増加します。つまり、**グラフは右肩上がり**になります。

一方、$a$が負の場合、$x$の変化分と$y$の変化分の符号が異なるので、$x$が増加するとき$y$は減少します。つまり、**グラフは右肩下がり**になります。このことは、一次関数の一種である比例のグラフ$y=ax$においても同様です。

**図 4-14** $a$が正なら増加、$a$が負なら減少

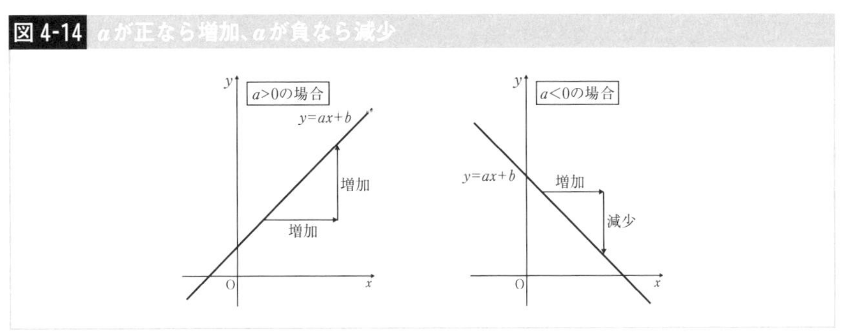

# 《発展》微分とは

## 未知の関数を調べるには「変化の割合」を使う

前節で「変化の割合」について学んだので、ここではちょっと背伸びして、「微分」とは何かを学んでいきましょう。

実は、**変化の割合と微分は深い関係があります。**

**微分の目的を一言で言えば、それは未知の関数を調べることです。**

前述の通り、関数の「関」は元々「函」でした。未知の関数（函数）というのは、函がブラックボックスになっているようなものです。入力した$x$についてどういう仕組みで$y$の値が決まるのかが見えません。

そういうときこそ「変化の割合」の出番です。

序章で、「割合は比べるための最強ツール」だと書きましたが、**変化の割合は関数を比べるときに大きな力を発揮します。**

## ドライブの詳細を調べるには？

ただし、変化の割合を調べるとき、$x$の変化分を大きく取り過ぎると、ブラックボックスの正体はなかなか見えてきません。

たとえば、自宅から160km離れた場所まで車で行ったとき、2時間かかったとしましょう。このドライブにおいて、出発から$x$（時間）の間に車は$y$（km）進んだとします。さて、$y$が$x$と共にどう変化したのかを知りたいとき、あなたならどうしますか？

$x=0$のときの$y=0$と$x=2$のときの$y=160$を使って、変化の割合を$\dfrac{160-0}{2-0}=80$と計算すれば、平均の速度は時速80kmだということはわかります。でも、これでは市街地を走っているときと高速道路を走っているときの速度の違いや、信号につかまったり、途中のサービスエリアで休憩したりというドライブの詳細が見えてきません。

一方、2時間の行程を10分ずつに分けて、計12個の区間でそれぞれの平均の速度を求めれば、「あ〜ここで休憩したんだな」とか「ここは高速道路を走っているな」などの様子が見えてきます。

この例からもわかるように、**変化の詳細をつかむためには、できるだけ短い区間に分けて調べた方がいいのです。**

## 小さい区間の「変化の割合」の変わり方は元の関数に近い

［図4-15］は、ある関数を色々な幅に分けて、それぞれの区間における変化の割合（傾き）を調べたものです。**$x$の変化分が小さければ小さいほど、変化の割合（傾き）の変わり方は、もとの関数の曲線の変わり方に近い**ことがわかります。

**図 4-15** $x$の変化分が小さいほど、正体が見えてくる

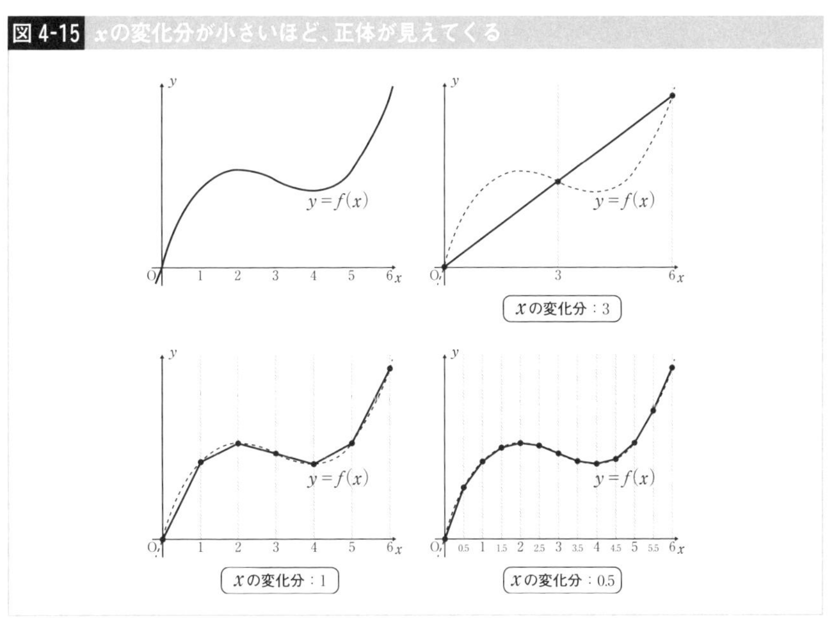

## 変化の割合の究極の姿が「接線」

関数を調べたいときは、できるだけ小さい区間で「変化の割合」を考えたほうが良いとわかりました。

前述の通り、変化の割合はグラフ上の2点を結ぶ直線の傾きを表します。では、変化の割合を考える区間が小さくなると2点を結ぶ直線の傾きはどうなるでしょうか？　グラフ上の2点は近接し、2点を通る直線は、そのグラフに1点でただ触れているだけの直線に近づいていきます。このときの**「1点でただ触れているだけ」の直線**のことを接線と言います。

グラフ上に2点AとBがあって、**BをAに限りなく近づけると、AとBを結ぶ直線はA点での接線に限りなく近づき、AとBを結ぶ直線の傾きを表す「変化の割合」は、Aにおける接線の傾きに近くなります**［図4-16］。いわば、変化の割合の究極の姿が「接線」です。

図4-16　2点を通る直線が接線に近づく……

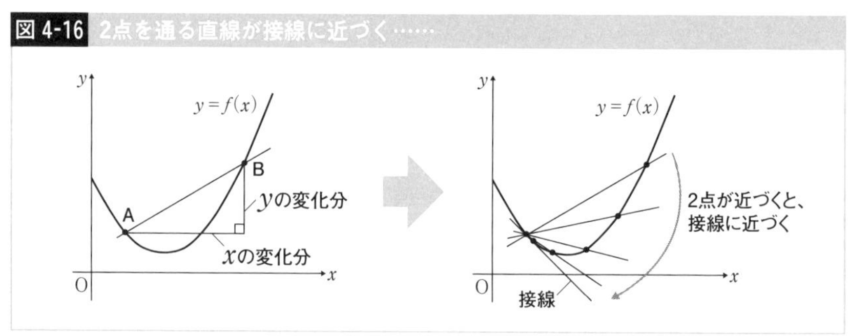


## 導関数

変化の割合の区間をできるだけ小さくした究極の姿（正式には「極限」と言います）は、接線の傾きですが、関数のグラフの色々な点における接線の傾きは接点で決まります。1つの接点に対して、接線は1本です。

**接点が決まれば、接線の傾きは1通りに決まる**ので、**接線の傾きは、接点（の$x$座標）の関数になります。**

一般に、**接線の傾きを接点（の$x$座標）の関数として捉えたもの**を導関数と言います。

## 微分とは

**ある関数の導関数を求めること**を微分と言います。「ある関数を微分しなさい」とは「ある関数の導関数を求めなさい」という意味です。

関数を**「微(かす)かに分けて」**それぞれの点における接線の傾きを調べるのが微分だというわけです。

この後に学びますが、$y=x^2$のグラフは［図4-17］のような原点を頂点とする放物線になります（236頁）。今、この関数を微分するとどうなるかを考えてみましょう。

$y=x^2$のグラフの各点における接線の傾きを調べると、［図4-17］の表のようになります。「接線の傾き＝2×接線の$x$座標」という関係が見えます。すなわち、**$y=x^2$の導関数は$y=2x$です。**

図 4-17 接線の傾きを接点の関数として捉えたのが導関数

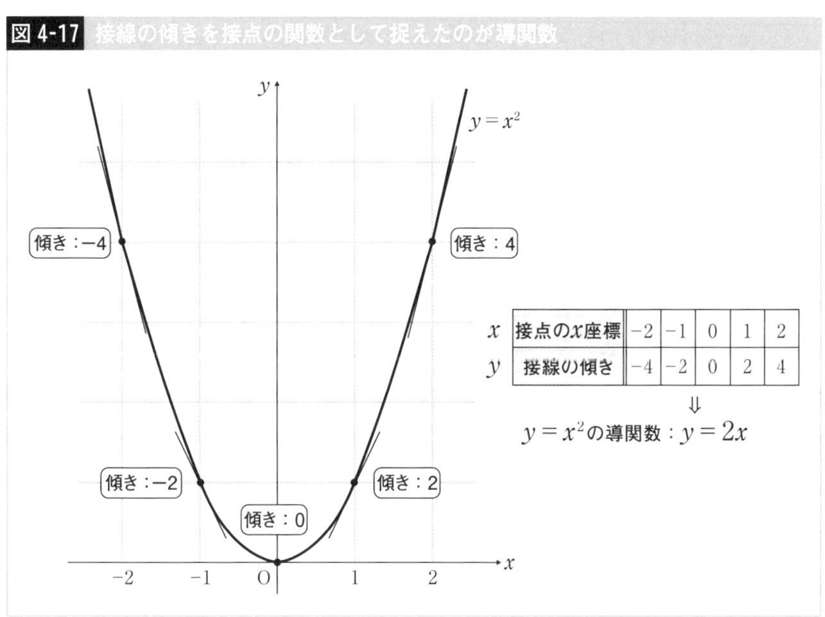


| | | | | | | |
|---|---|---|---|---|---|---|
| $x$ | 接点の$x$座標 | −2 | −1 | 0 | 1 | 2 |
| $y$ | 接線の傾き | −4 | −2 | 0 | 2 | 4 |

# 関数のグラフは動的、方程式のグラフは静的

## 方程式のグラフ

たとえば、$x$の一次関数である $y=x-1$ のグラフは、**入力値である$x$とそれに対応する出力値の$y$を組にした点 $(x,y)$ をすべて集めたときにできあがる図形**です。

ところで、$y=x-1$ は$y$を移項すれば、$x-y-1=0$ と書くこともできます。明らかに、$y=x-1$ を満たす $(x,y)$ は$x-y-1=0$ を満たし、逆に、$x-y-1=0$ を満たす $(x,y)$ は$y=x-1$ を満たします。

つまり$y=x-1$ のグラフは$x-y-1=0$ を満たす点を集めた図形と言うこともできそうです。そこでこれを「**$x-y-1=0$ のグラフ**」とも呼ぶことにしましょう。

ただし、$y=x-1$ は**関数の式（$x$の値によって$y$の値が定まる式）**、$x-y-1=0$ は**方程式（$x$と$y$が特定の値のときにのみ成立する式）**に見える人は多いのではないでしょうか？

ところが（ややこしいことに）、前者を方程式、後者を関数の式と捉えることも有り得ます。要は文脈や書き手の想いなどで同じ式が関数を表す式にも方程式にもなり得るのです。

**ある方程式を満たす $(x,y)$ をすべて集めたときにできる図形のことを、その方程式のグラフと言います。**いずれにしても、**同じグラフが関数のグラフでもあり、同時に（関数の式を変形して得られる）方程式のグラフでもあるという点は、心に留めておいてください。**

ケースバイケースで、同じグラフの見方を変換できることが肝心です。

## 関数のグラフと方程式のグラフ

あるグラフを関数のグラフと思って見るときと方程式のグラフと思って見るときの違いはなんでしょうか？　大胆に言ってしまうと、**関数のグラフは動的であるのに対し、方程式のグラフは静的なイメージ**です。

$y=x-1$ のグラフを関数のグラフと見れば、グラフが（3,2）と（6,5）を通ることから、$x$が3→6と変化するとき、$y$は2→5と**変化**することがわかります。

一方、同じグラフを $x-y-1=0$ という方程式のグラフと思って見ると、今度は、（−1,−2）（0,−1）（1,0）（2,1）などのこの方程式を満たす点の集合に見えてきます。

もちろん、関数のグラフも関数の式を満たす点の集合ではあるのですが、方程式のグラフの方が「方程式」という**条件**をクリアした点の集まりで、より限定されたイメージです。

図 4-18 関数のグラフは変化、方程式のグラフは条件

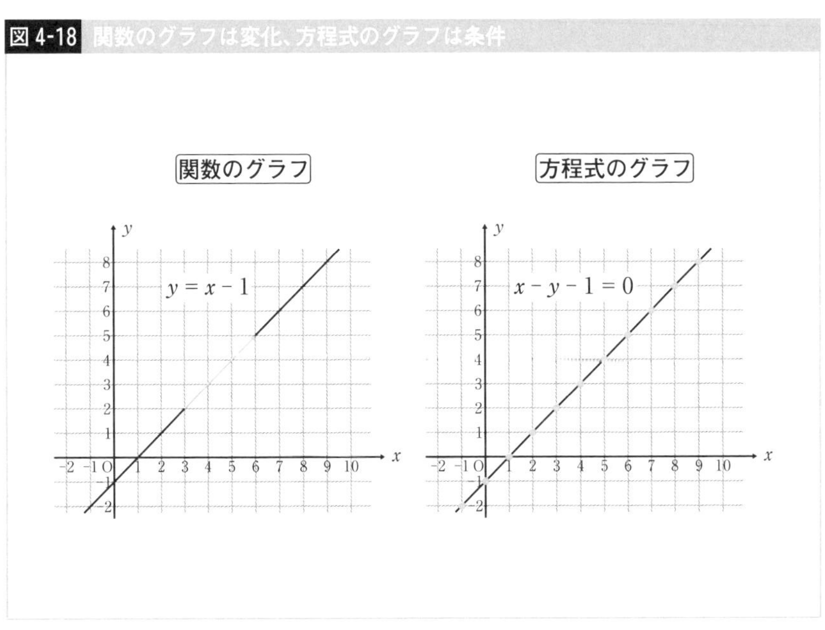

# なぜグラフの交点は連立方程式の解なのか？

## 連立方程式とグラフ

前節で学んだ通り**「ある方程式を満たす点の集合＝方程式のグラフ」**です。では、2つのグラフの交点と2つのグラフの方程式はどんな関係にあるでしょうか？

**図 4-19 交点は両方の方程式を満たす**

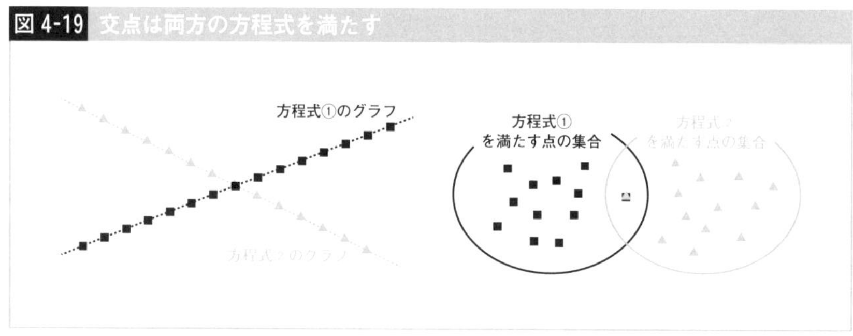


［図4-19］からもわかる通り、方程式①のグラフは、方程式①を満たす点の集合であり、方程式②のグラフは方程式②を満たす点の集合です。そして**交点は**唯一両方のグラフの上にあるので、**①と②の両方の方程式を同時に満たす点**です。

ところで、第２章（151頁）では、**「連立方程式の解＝組にした方程式のすべてを満たす値」**であることを学びました。すなわち、**「グラフの交点＝連立方程式の解」です。**

また、一つのグラフは関数のグラフと捉えることも、方程式のグラフと捉えることもできるので、２つの関数のグラフの交点**も、それぞれを方程式と見なして組にした**連立方程式の解**として求められます。**

## 連立方程式の例題

まずは次の連立方程式を解きます。代入法でも加減法でもいいですが、ここでは加減法で解きます。

$$\begin{cases} x-2y=-8 \cdots ① \\ x+y=10 \quad \cdots ② \end{cases}$$

①−②より $-3y=-18 \quad \Rightarrow \quad y=6$

②より $\quad x+6=10 \quad \Rightarrow \quad x=4$

$\therefore (x,y)=(4,6)$ ←「∴」は「ゆえに」という意味の記号

次は、①と②のグラフの交点が本当に (4,6) であることを、方眼紙の中にグラフを描いて確かめてみましょう。

図 4-20 連立方程式の解が交点であることの確かめ

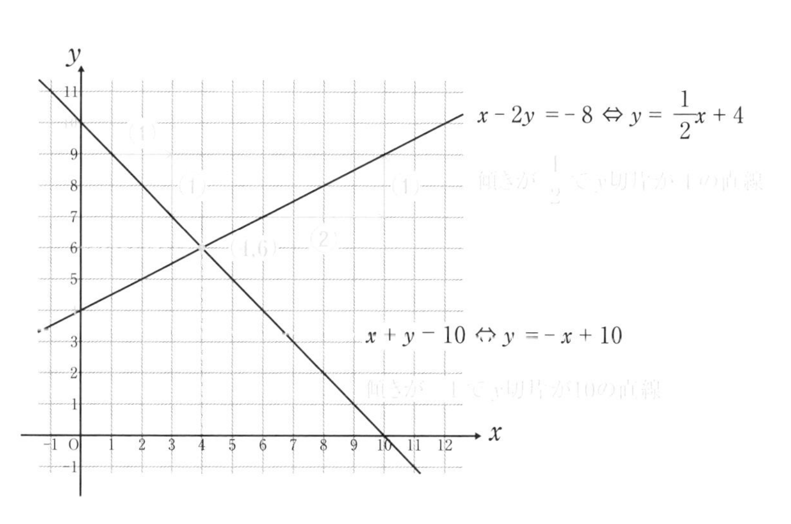

# 2乗に比例する数から生まれた二次関数

## 2乗に比例する数

たとえば、正方形の1辺の長さが2倍になると、縦方向も横方向も2倍になるため、面積は4倍になります。また、ボールが斜面に沿って転がるときも、転がる時間が2倍、3倍……になると、転がる距離は4倍、9倍……になります。

図 4-21 「2乗に比例」とは？

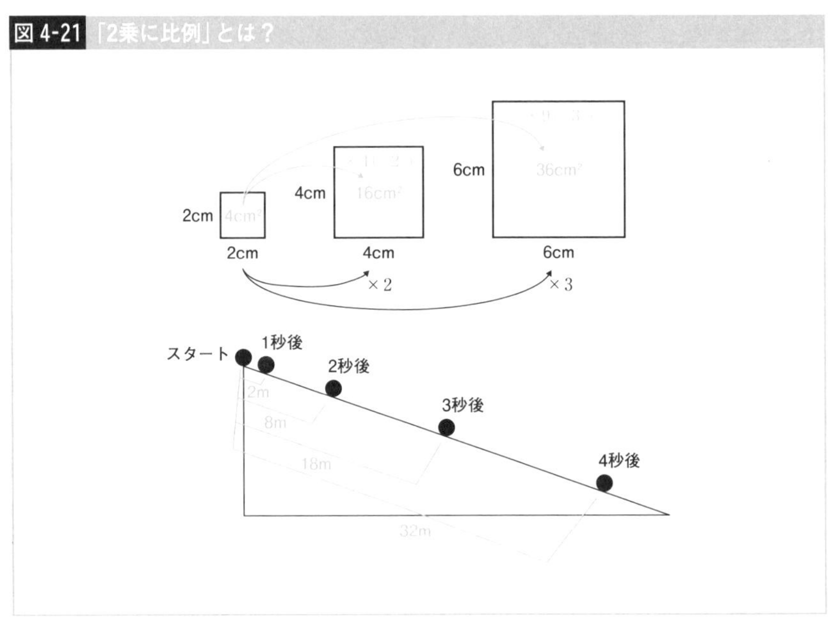


一般に、$x$と$y$が変数で、**$x$が$k$倍になったとき、$y$の値が$k^2$倍になるとき**、$y$は$x^2$に比例すると言います。

比例（212頁）と反比例（220頁）のときにお伝えした通り、「　が　に比例する」ことと「　＝定数×　」という数式は同値です。

$$y\text{が}x^2\text{に比例する} \quad \Leftrightarrow \quad y = ax^2 \ (a\text{は定数})$$

［図4-22］は、ボールが斜面を転がるときの時間$x$（秒）と距離$y$（m）の表です。ここでは$y = 2x^2$という関係が成立しています。

一般に、$y = ax^2 + bx + c$の形で表される$y$を$x$の二次関数と言います。$y = ax^2$はその特別な形です。

**図 4-22 2乗に比例する例**

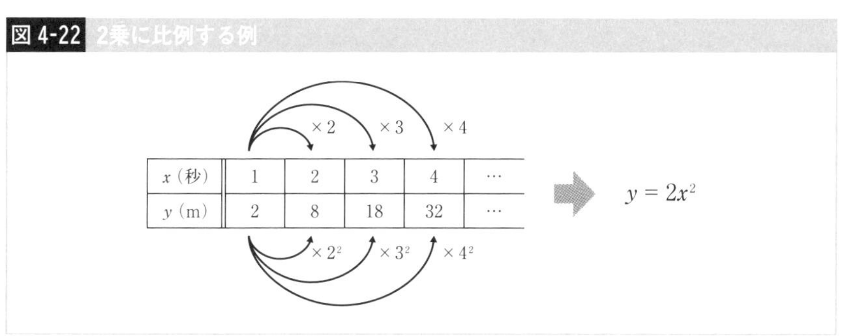


## どっちがお得？

あるピザ屋さんでは、**半径10cmのMサイズのピザが2枚で3000円、半径15cmのLサイズのピザが1枚3000円**で売られています。ピザの厚みは同じです。量の上ではどっちを注文した方が得でしょうか？

直感ではMサイズ2枚の方が得に感じるかもしれません。でも、**ピザの面積は半径の2乗に比例する量**です。

半径で比べるとLはMの1.5倍ですが、面積は$1.5^2 = 2.25$倍です。厚さが同じなので、体積も2.25倍と考えられます。

つまり、Lサイズ＝Mサイズ×2.25 なので、Mサイズ×2 と Lサイズが同じ値段なら、Lサイズ1枚の方が得なのです。

# 二次関数のグラフは放物線

## 放物線

例として、$y=x^2$のグラフを描いてみましょう。と言っても厳密な意味でその形を確かめるには微分が必要なので、ここでは、$y=x^2$を満たす代表的な点 $(x,y)$ を座標平面上に描いて、なめらかに繋いでみます。

| $x$ | −4 | −3 | −2 | −1 | 0 | 1 | 2 | 3 | 4 |
|---|---|---|---|---|---|---|---|---|---|
| $y$ | 16 | 9 | 4 | 1 | 0 | 1 | 4 | 9 | 16 |

図 4-23 $y=x^2$のグラフ

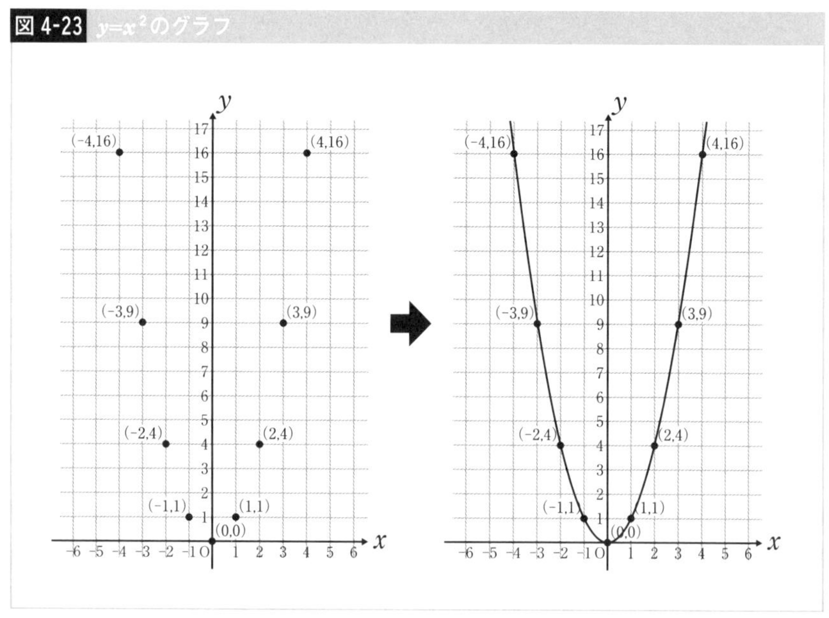

このような曲線を放物線と言います。放物線は文字通り、何か物体を投げたときに、その物体の動いた様子を表したものです。

## 放物線の歴史

**円錐を母線と平行に切断すると切り口に放物線が現れます**［図4-24］。

図 4-24 放物線は円錐曲線

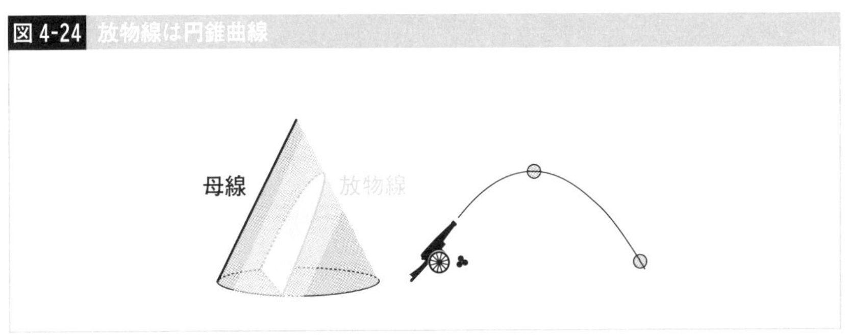


円錐を切断したときの切り口は、切断面の向きによって、**放物線**になったり、**円**になったり、**楕円**になったり、**双曲線**になったりします。これらをまとめて**円錐曲線**と言います。円錐曲線について初めて研究したのは、古代ギリシャの**メナイクモス**（前380-前320）です。その後、**アポロニウス**（前262頃-前190頃）が『円錐曲線論』という本を書きました。

16世紀になって、イタリアの**ニコロ・タルタリア**（1499-1557）は、大砲を撃ったときの砲丸の弾道は曲線であると主張しました。それまでは、砲丸は大砲を出た後は直進し、勢いがなくなったところで真っ逆さまに落ちると考えられていたのでタルタリアの主張は斬新でした。

その曲線が、円錐曲線の一つに一致することを突き止めたのは、タルタリアの弟子の弟子にあたる**ガリレオ・ガリレイ**（1564-1642）です。

**ガリレオはこの事実を、実験と数学的な分析から導きました。**それは、アリストテレス的な物理学（自然現象には神の意図する目的があるとする物理学）から脱却し、実験的かつ数学的にアプローチする近代的な物理学へと脱皮するきっかけになったエポックメイキングな発見でした。

## $y=ax^2$のグラフ

236頁の［図4-23］で、$y=x^2$のグラフの概形はわかりました。

では、$y=2x^2$や$y=-x^2$のグラフはどのような形になるのでしょうか？

代表的な点を描いてなめらかに繋いでもいいのですが、せっかく$y=x^2$のグラフについてはわかったので、これを利用したいと思います。そこで、まずは具体的に下の表に、$x$とそれに対応する$x^2$、$2x^2$、$\frac{1}{2}x^2$、$-x^2$の値をまとめてみました。

| $x$ | $-3$ | $-2$ | $-1$ | 0 | 1 | 2 | 3 |
|---|---|---|---|---|---|---|---|
| $x^2$ | 9 | 4 | 1 | 0 | 1 | 4 | 9 |
| $2x^2$ | 18 | 8 | 2 | 0 | 2 | 8 | 18 |
| $\frac{1}{2}x^2$ | $\frac{9}{2}$ | 2 | $\frac{1}{2}$ | 0 | $\frac{1}{2}$ | 2 | $\frac{9}{2}$ |
| $-x^2$ | $-9$ | $-4$ | $-1$ | 0 | $-1$ | $-4$ | $-9$ |

さて、どんなことがわかりますか？　じっくり観察してみましょう。

当たり前と言えば当たり前ですが、上の表から見えてくることを、文字を使って抽象化すると、**$ax^2$の行の値は、$x^2$の行の値を$a$倍したもの**になっています。

言い換えると、**$y=ax^2$のグラフは、$x^2$のグラフ上の各点について、その$y$座標を$a$倍した点の集まりです。また$y=-ax^2$のグラフは、$y=ax^2$のグラフ上の各点と、$x$軸に関して対称な点の集まりであることもわかります。**右の［図4-25］を参考にしてください。

**$a$の値が1→2→3……となったり−1→−2→−3……となったりすると、すなわち絶対値（数直線上の0からの距離）が大きくなると、グラフは$y$軸に近づいてスリムになります。**

ちなみに、$a>0$の場合の形を、下に凸の放物線と言い、$a<0$の場合の形を、上に凸の放物線と言います。

## 図 4-25 $y=ax^2$のグラフにおける$a$の影響

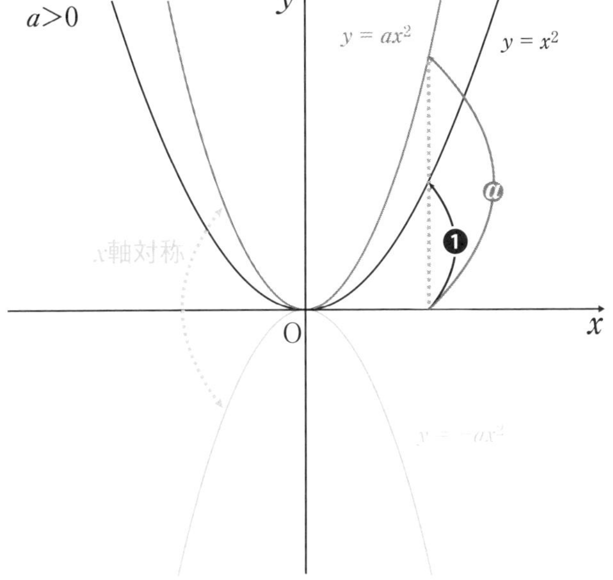

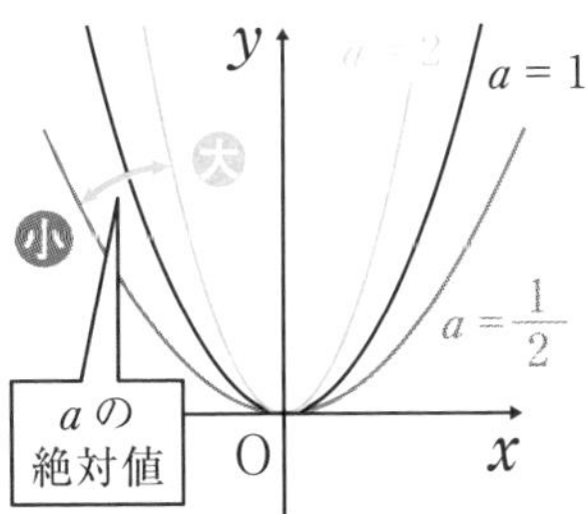


a<0 上に凸

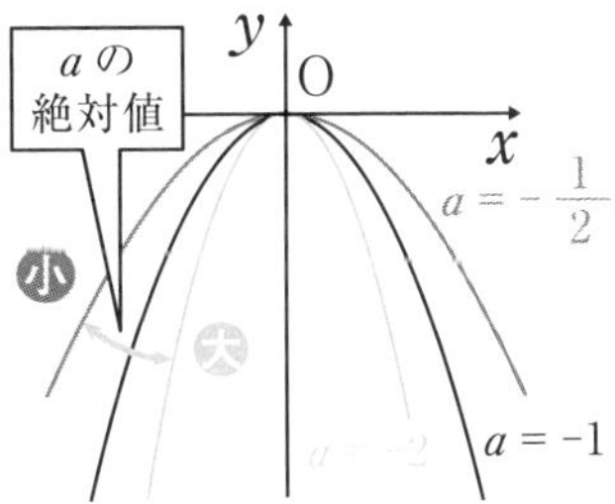

# 《発展》積分とは

## 積分の方がうんと古い

226頁で微分の概略をお伝えしたので、積分についてもその概略に軽く触れておきましょう。

高校では微分→積分の順に習うこともあって、何となく微分が先に生まれて後から積分が考え出されたのだろうというイメージを持っている人は少なくないと思いますが、歴史的には微分よりも積分の方がうんと先に考案されています。

微分がその産声を上げたのは12世紀です。当時を代表する数学者であったインドの**バースカラ2世**（1114-1185）は、その著作の中で導関数に繋がる概念を発表しています。

一方の積分は、なんと紀元前1800年頃にその端緒を見ることができます。**積分がなぜこんなにも早く生まれたかといいますと、それはずばり面積を求めるためでした。**

たとえば遺産相続のとき相続する土地の面積をできるだけ正確に測ることが必要になるのは想像に難くありません。そんな時四角形や三角形ではない土地の面積をどうしたら求められるかを考えることから積分の基本的な考えは生まれました。

ちなみに最初に今日の積分に繋がる求積法（面積を求める方法）を考えたのはかの**アルキメデス**（前287-前212頃）です。彼は、**限りなく小さく分けた三角形や四角形を積み上げれば、面積を求めることができる**と考えました。これこそが積分の本質です。

## アルキメデスの求積法

アルキメデスは今で言う放物線と直線で囲まれた［図4-26］のような図形の面積を求めるために、放物線の内部を三角形で埋め尽くすことを考えました。これを**取り尽くし法**と言います。

図 4-26 細かく分けた面積の和を考える

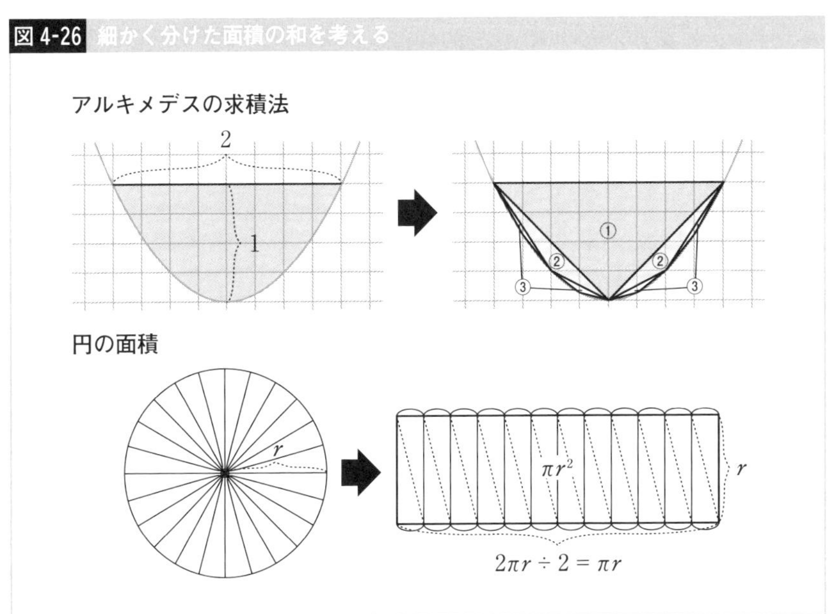


詳しい計算の方法は割愛しますが、アルキメデスは［図4-26］のように①、②、③……と放物線の内部を三角形で埋め尽くしていくと、それらの三角形の和の極限（近づいていく値）は$\frac{4}{3}$になると結論づけました。

アルキメデスがこれを計算した当時は「極限」という概念が生まれるずっと前です。それなのに彼が$\frac{4}{3}$という正しい値にたどり着くことができたというのはまったく驚きです。

## 円の面積

細かく分けた面積の足し算で全体の面積を求める例をもう1つ紹介しましょう。それは円の面積です。

［図4-26］のように円を細かい扇形に分け、2つずつ向きあわせて横に並べていくと長方形に近い形になります。ここで扇形を細くすればするほど長方形との誤差は小さくなるのは明らかですね。

つまり扇形を限りなく細くすると、扇形を集めた図形は長方形に限りなく近づきます。

この**長方形の横の長さは円周（直径×円周率）の半分に、高さは半径に等しくなる**はずなので、円周率を$\pi$とすると長方形の面積は$\pi r \times r = \pi r^2$です。よって円の面積も「$\pi r^2$」になることがわかります。

以上の説明は小学生や中学生に向かって円の面積が「半径×半径×円周率」で求められることの説明としてオーソドックスなものですが、**「細かく分けたものを足しあわせて面積を求める」**という点で立派な積分だと言えるでしょう。

## 積分の記号の意味

積分を表す記号も「小さく分けたものを積み上げる」という積分の本質を表すように考えられています。

［図4-27］のように、$y=f(x)$のグラフと$x$軸で挟まれた図形のうち$x=a$から$x=b$までの区間の面積を次のように表します。

$$\int_a^b f(x)\,dx$$

この表し方は、$x=x_i$のところにある長方形の横の長さを$\varDelta x$とすると、この細長い長方形の面積が$f(x_i)\varDelta x$であり、これらを足し合わせたものがSum of $f(x_i)\varDelta x$と書けることに由来します。

ちなみに「⊿」は「デルタ」と読み、アルファベットの「D」に相当するギリシャ文字です。科学の世界では差を表すときによく使います。

**図 4-27 積分の表記は「面積の和」を表す**

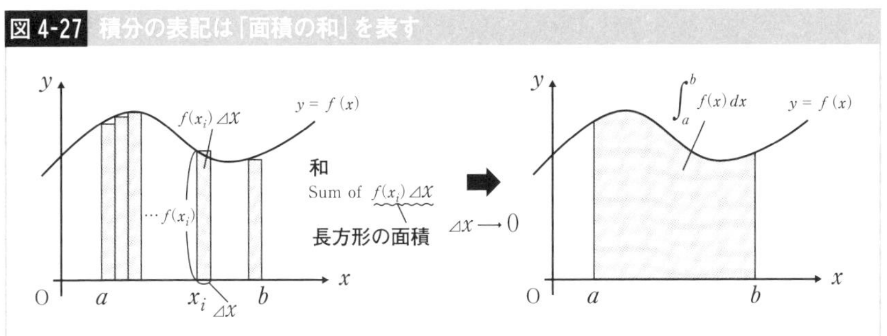


S字フックが上下にビヨーンと伸びたような「∫（インテグラル）」の記号は「和」を表す「Sum」の頭文字に着想を得たと言われています。

ちなみにこの記号を考えたのは、関数の歴史（211頁）にも登場したライプニッツです。ライプニッツはニュートンと共に**「微積分学の父」**と呼ばれています。

## なぜニュートンとライプニッツが「生みの親」なのか？

積分は遅くとも紀元前3世紀までに、微分は12世紀に、お互い全く影響しあうことなく別々に生まれた概念です。にもかかわらず、17世紀に活躍したニュートンとライプニッツは「微積分学の父」と呼ばれています。なぜでしょうか？

実はこの2人の偉業は微分や積分を考え出したことではなく、**「微分と積分は互いに逆演算の関係にある」という事実を導き出した**ことにあります。これによって接線の傾きや面積を求めるための計算技法に過ぎなかった微分と積分が、世界の真理を表現するための人類の至宝になりました。微分と積分は互いに関係しあうことで初めて本当の命を与えられると言っても過言ではありません。だからこそ、微分・積分の「生みの親」はニュートンとライプニッツなのです。

# 一風変わった関数

## コインパーキングの料金も関数

一次関数(比例を含む)、反比例、二次関数($y=ax^2$)と学んできましたが、世の中には他にもいろいろな関数があります。

ここでは「床関数」という一風変わった名前の関数を紹介しましょう。

| 駐車料金 | |
|---|---|
| 最初の60分まで | 600円 |
| 60分以降は20分毎に | 200円 |

たとえば、コインパーキングの駐車料金が、上の表のように決まっているとします。このとき、**駐車料金は駐車時間の関数**です。駐車時間から、駐車料金の金額は1通りに決まります。「入力値が決まると出力値が1通りに決まる」というのが関数の定義でしたね。

一方、駐車時間は駐車料金の関数ではありません。なぜなら、たとえば駐車料金が1000円のとき、駐車時間が80分以上100分未満ということはわかりますが、駐車時間を1通りに決めることはできないからです。

この関数のグラフは右の[図4-28]のようになります。ちなみに、グラフの○はその値を含まない、●はその値を含むという意味です。

グラフがこのような形になる関数のことを、床関数(floor function)と言います。なんだか変わった名前のこの関数は、20世紀の後半にカナダの計算機科学者**ケネス・アイバーソン**(1920-2004)によって考案されました。

図 4-28 駐車時間と料金のグラフ

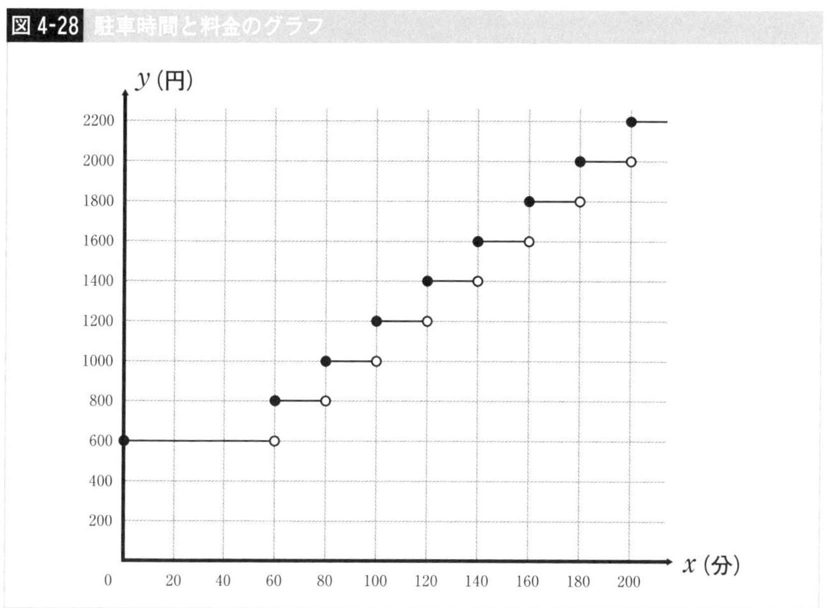


## 床関数を表す数式

床関数を数式で表すには、ガウス記号という記号を使います。

ガウス記号は大カッコを使って［$x$］のように書き、「$x$以下の最大の整数」を意味します。

定義は難しく感じるかもしれませんが、例を考えれば簡単です。

$$[1.2]=1,\ [\sqrt{5}]=2,\ [3]=3,\ [-0.8]=-1$$

同じ意味の記号に $\lfloor x \rfloor$ というものもあります。実は、ガウス記号は日本、ドイツ、中国など一部の国ではよく使われていますが、その他の国では $\lfloor x \rfloor$ の方が一般的です。

今回の駐車料金は、駐車時間を$x$（分）、駐車料金を$y$（円）とすると次のように表せます。

$$
y=\begin{cases} 600 \ (0 \leq x < 60) \\ 800+200\left\lceil \dfrac{x-60}{20} \right\rceil \ (60 \leq x) \end{cases}
$$

床関数やガウス記号は大学、高校で学ぶ内容なので、今はこの数式を完全に理解する必要はありません。「世の中にはいろいろな関数があるんだなあ」という印象を持つくらいで十分です。

## 天井関数

アイバーソンは床関数と共に天井関数（ceiling function）というものも考えました。天井関数は「入力値以上の最小の整数」を出力する関数です。天井関数は「$x$以上の最小の整数」を表す$\lceil x \rceil$という記号を使います。

$$
\lceil 1.2 \rceil = 2, \lceil 3 \rceil = 3, \lceil \pi \rceil = 4, \lceil -1.8 \rceil = -1
$$

図 4-29 床関数と天井関数

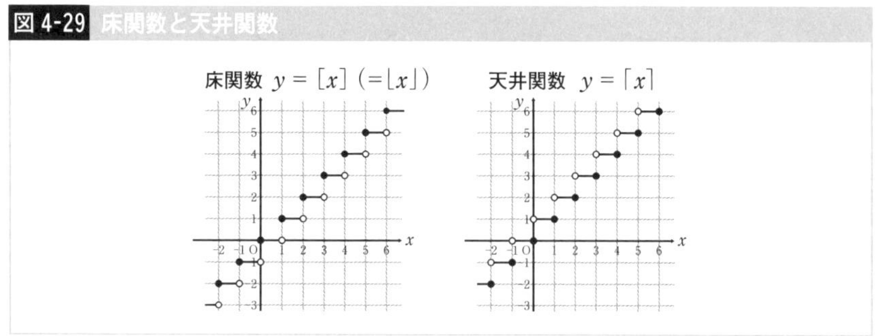


関数における入力値を原因、出力値を結果と捉えれば、**関数の理解とはすなわち因果関係の理解であり、関数の発見は世界を司る真理の発見である**と言っても過言ではありません。

# 第5章

# 統計

# 統計—国家の大規模化—

## 統計なくして国家なし

19世紀のフランスの統計学者モーリス・ブロックは**「国家の存するところ統計あり」**という言葉を残しています。実際、古代エジプトではピラミッドをつくるために人口や土地の調査が行われましたし、日本でも飛鳥時代に田の面積と紐付けた調査が実施されました。

近代国家が成立した18世紀〜19世紀にかけて、各国で国家運営の基礎として統計を用いることの重要性がますます強く認識されるようになり、そのための体制整備や統計調査が積極的に行われるようになりました。全国民に対して近代的な国勢調査が行われるようになったのもこの頃です。

ナポレオン・ボナパルト（1769-1821）は「**統計は事物の予算である。そして予算なくしては公共の福祉も無い**」と語り、フランスでは1801年にいち早く統計局が設置されています。

さらに、20世紀の後半になってコンピュータが発達すると、膨大なデータの中から有益な情報を引き出せるようになり、データマイニングは国家だけでなく民間の企業にとっても重要になりました。

**今や統計リテラシー（統計の知識を持ち活用できる能力）はすべての社会人に必要な力であると言っても過言ではないでしょう。**

本章では、そんな統計の歴史を紐解いた上で、資料の見せ方、平均値や中央値などの代表値、データの散らばりを示す四分位数など、統計の基礎となる項目を説明します。

また中学の範囲は超えてしまいますが、分散や標準偏差、相関関係、推測統計などについてもその概略を解説させていただきます。

**図 5-0 第5章【統計】の見取り図**

- 統計
  - 統計の歴史
    - 記述統計の歴史
    - 推測統計の歴史
    - 日本における統計の歴史
  - 4種類のグラフ
    - 棒グラフ
    - 折れ線グラフ
    - 円グラフ
    - 帯グラフ
  - データの整理
    - 度数分布
    - ヒストグラム
  - 代表値
    - 平均値
    - 中央値
    - 最頻値
  - データの散らばり
    - 四分位数
    - 箱ひげ図
    - 分散
    - 標準偏差
  - データの相関
    - 相関関係と因果関係
  - 推測統計
    - 母集団と標本
    - 推定と検定
    - 無作為抽出
    - 正規分布と偏差値

# 記述統計と推測統計の歴史

## 統計の歴史①記述統計

数千年前の古代国家に端を発する人口調査とは一線を画す新しい統計の世界を切り拓いたのは、イギリスの**ジョン・グラント**（1620-1674）でした。

グラントは、当時たびたびペストの大流行に見舞われていたロンドンで、教会が資料として保存していた年間死亡数等のデータをもとに、年代別の死亡率をまとめた表を**「諸観察」**（『死亡表に関する自然的および政治的諸観察』）と呼ばれる冊子にまとめました。その上でこの表の分析を行い、幼少期の死亡率が高いことや、地方よりも都市の死亡率が高いことなどを明らかにしました。また、当時200万人と考えられていたロンドンの人口を、データを通じて38万4千人と見積もり、限られたサンプルデータから全体を見積もれることも示しました。

単にデータをまとめるだけでなく、**それらのデータを観察することによって、一見無秩序に見える複雑な物事の間にも一定の法則を見いだせることを示した**という点で、グラントの「分析」はまさに画期的でした。グラントは当時の有力商人であり、数学者ではなかったのですが、その功績を讃えて彼を**「近代統計学の父」**と呼ぶ人もいます。

グラントの手法は、ハレー彗星を発見したことでも知られる**エドモンド・ハレー**（1656-1742）に受け継がれました。ハレーは、ニュートンに世紀の名著『プリンキピア』を執筆させ、これを自費出版するなど科学的業績の多い学者ですが、ある街の出生と死亡のデータをもとに人類で初めて**「生命表」**を作った人物でもあります。

ハレーは1693年に出版した自身の著作の中で、人間の死亡には一定の規律性があることを明らかにし、**「生命保険の保険料は年齢別の死亡率にもとづいて計算すべきだ」**と書いています。当時のイギリスには既にいくつかの生命保険会社がありましたが、保険料はいわば闇雲に設定されていました。しかし、ハレーの功績によって生命保険会社はようやく合理的な保険料を算出することができるようになったのです。

グラントがまとめた「諸観察」やハレーの「生命表」のように、**調査して集めたデータを数値や表、グラフなどに整理し、データ全体の示す傾向や性質を把握する手法**のことを記述統計といいます。

## 統計の歴史②推測統計

統計の歴史が記述統計どまりだったなら、統計学は今ほど重要な学問にはなっていなかったことでしょう。

統計が現代の生活や研究に欠かせないものになったのは、20世紀に入って推測統計が発展したからです。

記述統計が手持ちのデータについてその傾向や性質を知る手法であるのに対し、**推測統計**は**採取したサンプル（標本とも言います）から母集団（全体のこと）の性質を確率的に推測する手法**です。それは、かき混ぜた味噌汁から一匙すくって味見をすることで味噌汁全体の味を推測することに似ています。

たとえば選挙の予想や工業製品の品質管理などにおいて、有権者や製品のすべてを調べることは、時間的にもコスト的にも無理があります。そういうときに「すべてを調べてみないとわからない」と諦めるのではなく、いくつかを調べることで「○○となる確率は△△%である」と言えることは非常に有益です。

推測統計は、イギリスの統計学者**ロナルド・エイルマー・フィッシャー**（1890–1962）の手によって始まりました。

推測統計を詳しく学ぶのは高校以降ですが、ここではその雰囲気を味わってもらうために、フィッシャーがティーパーティーで行ったとされるある実験を紹介しましょう。

1920年代の終わりに、フィッシャーは何人かの仲間と庭でティーパーティーに興じていました。

するとある一人の紅茶好きのご婦人が「ミルクティーは先にミルクを入れるか、紅茶を入れるかで味が変わります」と言い出しました。しかしこれを聞いた紳士たちは眉に唾をつけながら、「そんなことあるものか。どちらが先でも混ざってしまえば同じだろう」と相手にしなかったそうです。そんな中フィッシャーは「それでは実験をしてみよう」と次のような提案をしました。

**《実験の概要》**

婦人が見ていないところで、ミルクを先に入れたミルクティーを4杯、紅茶を先に入れたミルクティーも4杯用意する。次に計8杯のミルクティーをランダムに婦人に差し出し、婦人にはその一つ一つについてミルクが先のものか、紅茶が先のものかを言い当ててもらう。ただし婦人には2種類のミルクティーがランダムに出されることと、それぞれが4杯ずつであることをあらかじめ伝えておく。

果たして結果は……なんと婦人は8杯すべてについて正確にミルクが先か紅茶が先かを言い当てました。

それでもまわりの紳士たちは「たまたまだよ」と言い張ります。

しかしフィッシャーは、**婦人が出鱈目に言った答えが8杯すべてについて偶然正解する確率は約1.4%**であることから、「これはたまたまではない。婦人には味の違いがわかる」と主張し、婦人の名誉を守りました。

推測統計は、**サンプル（標本）を調べて母集団の特性を確率的に予想する**推定と、**標本から得られたデータの差異が誤差なのかあるいは意味のある違いなのかを検証する**検定とを2本柱にしています。

視聴率や選挙のときの開票速報などは「推定」であり、「1日2杯のコーヒーはがんの発生をおさえる」などの仮説の信憑性を裏付けるのが「検定」です。

フィッシャーが行った上の実験は「検定」そのものであり、推測統計の実験としてよく知られています。

## 現代における「統計」の立ち位置

21世紀になり、統計は学術研究の世界や産業界にとどまらず、社会生活のあらゆる場面で利用されるようになりました。今や統計は、数学のもつ普遍性に支えられて、データを用いるすべての分野に関わっています。

現在のビジネスシーンにおいて最もホットな話題といえば、やはり**機械学習**とこれを応用した**AI（人工知能）**でしょう。

機械学習とは、人間が行う学習と同等の「学習」をコンピュータに行わせようとするテクノロジーのことを言いますが、機械学習を行うコンピュータが膨大なデータの中から規則性や判断基準を見つけ、未知のものを予測する際に使うのが統計です。

グーグルのチーフエコノミストだったハル・ヴァリアン氏は、2009年に**「これからの10年で最もセクシーな（魅力的な）職業は、統計学者だ」**と語りました。実際、近年アメリカでは、データサイエンティストは人気職業ランキングで常に上位にランキングされます。

現代は、人類史上最も「数字がものを言う時代」であると言えるでしょう。

ITの技術が進歩し、データマイニングと機械学習のニーズが高まることによって、**数字が判断と予測の基準となる世界**が急速に拡がっていることは、皆さんも肌で感じているのではないでしょうか。

統計教育を充実させ、統計リテラシーを備えた人材を多く育成することが急務となっています。

# 日本における「統計」の歴史

## 「統計」の語源

日本語の**「統計」**という言葉は、「まとめる」という意味の「統」と「かぞえる」という意味の「計」とで構成され、**「すべてを集めて計算する」**という意味になっています。この言葉は中国から伝わってきたわけではなく日本で独自に生まれました。

“statistics”の訳語として、我が国で「統計」が使われ始めたのは明治の初めです。「統計」を冠した最初の政府組織は明治4年（1871年）に大蔵省に置かれた「統計司」でした。ちなみに統計司の構想提案者は**伊藤博文**（1841-1909）です。しかし伊藤自らが「統計」という訳語を考えたわけではないことがわかっています。

**箕作麟祥**（みつくりりんしょう）（1846-1897）が翻訳し、明治7年に刊行された訳書のタイトルは「統計学」でした。公刊物として「統計学」という訳語を用いたのはこれが最初と言われています。

諸説がありますが、「統計」を最初に考案した人物は、日本で初めて「雑誌」と名のつく出版物を刊行したり、日本人の編集による初の新聞を創刊したりしたことでも有名な**柳河春三**（やながわしゅんさん）（1832-1870）という説が有力です。

柳河が編纂し、明治2年に刊行された小冊子の中に**「統計入門」**または**「統計便覧」**と題されたものがあったようです。ただし、この小冊子の中で柳河は「統計」という訳語について「この訳語は不完全と考えるが、とりあえず仮にこうしておく」という趣旨のことを書いていたという記録もあります。

“statistics”には当時、他にも「政表」「会計学」「国勢学」などいろいろな訳語が提案されました。

そんな中、我が国の「統計学の開祖」とも言われる**杉亨二**(すぎこうじ)（1828-1917）は、無理に訳語を当てずに「寸多知寸知久（スタチスチク）」を用いるべきだと主張しましたが、これも定着はせず、結局「統計」が残りました。

ちなみに中国語で統計を意味する「统计」は、1900年代初頭に日本の統計学の本が中国に伝わってそのまま根付いたものです。

## 統計の重要性を見抜いていた福沢諭吉

明治8年に刊行された**福沢諭吉**（1835-1901）の『文明論之概略』の中に次のような記述があるのは大変興味深いです。

「世の中の情勢は、一つの事象や一つの物事だけを見て、勝手な判断を下すべきものではありません。常に広範囲にわたる事象や物事の動きを観察し、一般的な実態がどのように表れているかをよく見極める必要があります。そして、あれこれと比較検討しなければ、真の状況を明らかにすることはできません。このように広範囲にわたる実態を詳細に調査する方法は、西洋の言葉で『スタチスチク』と呼ばれています。この方法は、人間の事業を観察し、その利益と損失を明らかにするために欠かせないものであり、近年、西洋の学者たちはこの方法を用いて、多くの知見を得ていると言われています。」

（文明論之概略第二巻第四章より。現代語訳筆者）

福沢諭吉の慧眼を活かすことができれば、日本は統計教育の面で、ここまで欧米に後れを取ることはなかったかもしれません。

# 記述統計の目標は「わかりやすさ」

## グラフを使い分ける

記述統計の目的は、データの特徴をわかりやすくまとめることであり、その最も基本的かつ重要な手法は、データをグラフにまとめることです。ただ、**グラフにはそれぞれ適性があるので、目的に応じて適切なグラフを選ばなくてはいけません。**この節では代表的な4つのグラフの使い方をお伝えします。最初にそれぞれの特徴をまとめると次の通りです。

（ｉ）**棒グラフ**…大小を比べる　（ii）**折れ線グラフ**…変化を表す
（iii）**円グラフ**…割合を表す　（iv）**帯グラフ**…割合を比べる

## 棒グラフ

棒グラフは、**量の大小を比べるのに適している**グラフです。

［図5-1］の（ｉ）は、1991年～2023年までに気象庁が確認した竜巻計541件について、月別に集計した結果を棒グラフにまとめたものです。

これを見ると**8月～10月は特に竜巻が多い**ことがよくわかります。

一方で、竜巻の発生件数は8月～10月の3ヶ月で全体の約50%を占めるそうですが、そのことはこの棒グラフからはよくわかりません。

## 折れ線グラフ

折れ線グラフは**変化や推移を表すのに適している**グラフです。

［図5-1］の（ii）は、気象庁が1985年～2022年の東京地方の天気予報精

## 図 5-1 棒グラフと折れ線グラフ

### (ⅰ)棒グラフ

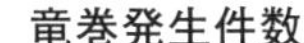


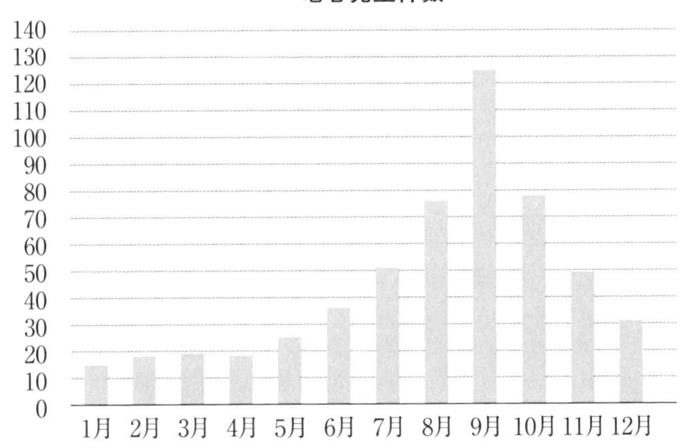


気象庁の「竜巻等の突風データベース」データをもとに筆者作成

### (ⅱ)折れ線グラフ

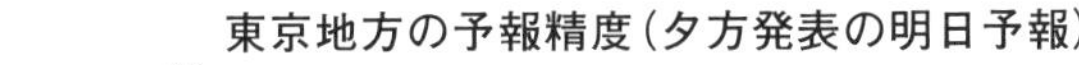


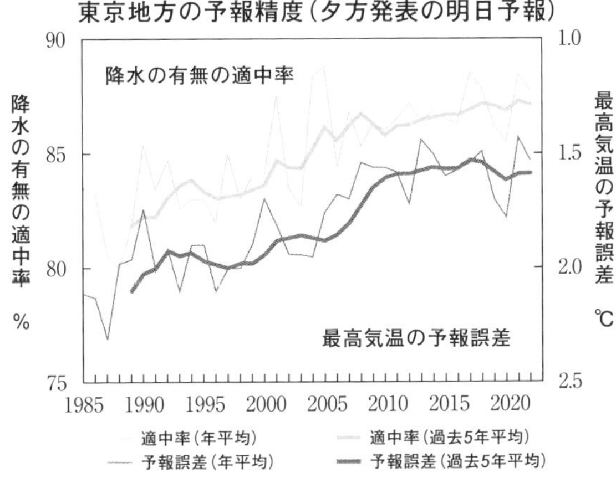


出典：気象庁　天気予報の精度検証結果

度を折れ線グラフにまとめたものです。これを見ると近年の適中率は確実に上がっていることがわかります。ただし、**折れ線グラフは目盛りの取り方次第で印象操作がしやすい**ので注意しましょう。

## 円グラフ

円グラフは**全体の中でそれぞれの項目がどのくらいの割合を占めるのかを表すのに適しています。**

［図5-2］の（iii）は、日本銀行の2021年末のデータから、市中に出回って家庭や企業、金融機関の金庫などで年を越す紙幣（日本銀行券）と貨幣の出回り高を円グラフにまとめたものです。

これを見ると、1万円札の割合が90％近くで圧倒的に多いことや千円札（3.6％）と1円玉～500円玉までの貨幣全体（4.0％）の割合が拮抗していることなどがわかります。なお**円グラフは、内容全体の総数（100％の量）がわかっているときでないと使えません。**

## 帯グラフ

帯グラフは年や条件によって**同じ項目の割合がどのように変化したかを比べるのに適しています。**

［図5-2］の（iv）は、資源エネルギー庁のデータから、1950年～2020年の間の日本の発電エネルギーの内訳の推移をまとめた帯グラフです。

これを見ると1970年代の石油ショックを経て原子力発電の割合が多くなったことや、2011年の東日本大震災後は、原子力の割合が減って、新エネルギー（風力、地熱、太陽光など）の割合が増えてきていることなどがわかります。

ただし、帯グラフで割合が増減しているからといって、絶対数そのものが増減しているとは限らないことには注意してください。**全体の総量が同じでなければ、割合の増減だけで絶対数の増減は判断できません。**

図 5-2 

## (iii)円グラフ

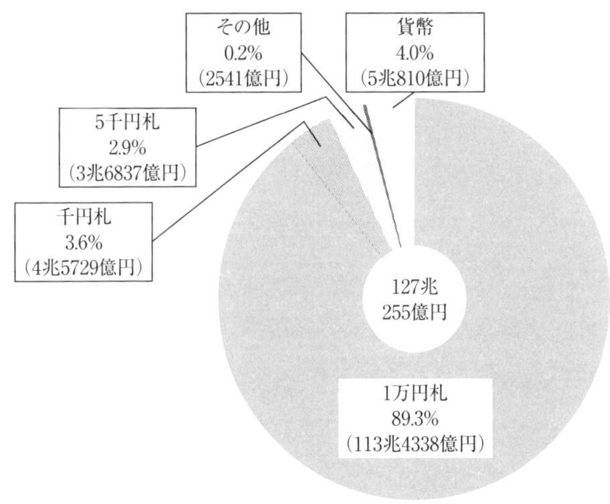


日本銀行のデータより筆者作成

## (iv)帯グラフ

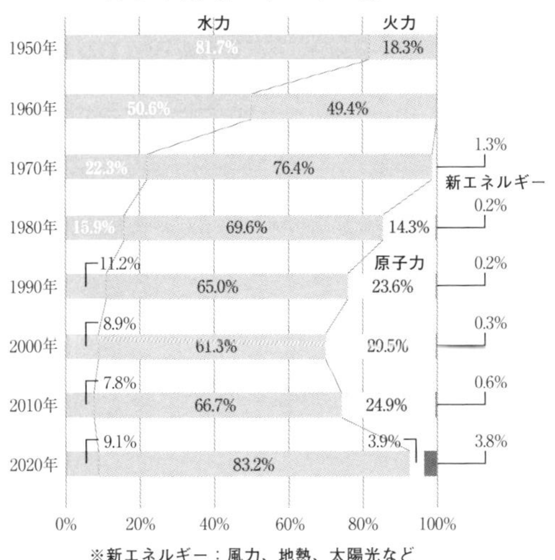


※新エネルギー：風力、地熱、太陽光など

資源エネルギー庁のデータより筆者作成

# 度数分布とヒストグラム

## 目標は「分布」を知ること

記述統計における**「データ全体の性質や傾向」**というのは、何を指すのでしょうか？

誤解を恐れずに言えば、それは分布です。**統計の目標は分布を知ることであり、「分布」とはデータの散らばり具合を意味します。**

たとえば100m走のタイムが平均より3秒遅いことと、マラソンのタイムで同じく平均より3秒遅いことではまったく意味が違いますね。前者は平均的なランナーより大きく遅れた印象ですが、後者は平均的と言っていいでしょう。

100m走の方は、平均の±1～2秒のところに多くの人のタイムが集中しますが、マラソンではずっと広い範囲にデータが分布するからです。

## 度数分布表

データの分布を調べるための基本的な整理方法は、度数分布表と呼ばれる表をつくることです。度数分布表の各部分には次のような名前がついています。

階級……**区切られた各区間**

階級の幅……**各区間の幅**

度数……**各階級に入るデータの値の個数**

階級値……**各階級の真ん中の値**

大きさ……**度数分布表における度数の合計**

国（地域）別インターネット利用率（%）（2020年）

| 日本 | アラブ首長国連邦 | イスラエル | イラン | インド | インドネシア | 韓国 |
|---|---|---|---|---|---|---|
| 83.40 | 100.00 | 90.13 | 75.57 | 43.00 | 53.73 | 96.51 |
| サウジアラビア | シンガポール | タイ | 台湾 | 中国 | トルコ | フィリピン |
| 97.86 | 92.00 | 77.84 | 88.96 | 70.05 | 77.67 | 49.80 |
| 香港 | マレーシア | アメリカ合衆国 | カナダ | メキシコ | アルゼンチン | チリ |
| 92.41 | 89.56 | 90.90 | 92.30 | 71.97 | 85.50 | 88.30 |
| ブラジル | イギリス | イタリア | ウクライナ | オーストリア | オランダ | ギリシャ |
| 81.34 | 94.82 | 70.48 | 75.04 | 87.53 | 91.33 | 78.12 |
| スイス | スウェーデン | スペイン | デンマーク | ドイツ | ノルウェー | フィンランド |
| 94.20 | 94.54 | 93.21 | 96.55 | 89.81 | 97.00 | 92.17 |
| フランス | ベルギー | ポーランド | ポルトガル | ルーマニア | ロシア | アルジェリア |
| 84.80 | 91.53 | 83.18 | 78.26 | 78.46 | 84.99 | 62.90 |
| エジプト | 南アフリカ | モロッコ | オーストラリア | ニュージーランド | | |
| 71.91 | 70.00 | 84.12 | 89.60 | 91.50 | | |

出典：総務省「世界の統計2022」2023年

**図 5-3 度数分布表**

階級の幅は10%

| 階級（%） | 階級値 | 度数 |
|---|---|---|
| 40以上～50未満 | 45 | 2 |
| 50以上～60未満 | 55 | 1 |
| 60以上～70未満 | 65 | 1 |
| 70以上～80未満 | 75 | 12 |
| 80以上～90未満 | 85 | 13 |
| 90以上～100以下 | 95 | 18 |
| 合計 | | 47 |

6個の階級

このデータの大きさは47

上のデータは世界の47の国（と地域）におけるインターネット利用率ですが、このような**「生データ」（何の加工もされていないデータ）からは、全体の分布が見えてきません。**

しかし左の［図5-3］のような度数分布表を作れば、データの分布が見えてきます。

## 階級の幅の決め方

度数分布表を作るときには、**階級の幅の決め方に注意が必要**です。

階級の幅は小さすぎると、生データを小さい順に並べただけのものと大差がなくなり、全体の特徴がつかみづらくなります。

反対に、階級の幅が大きすぎると、概要はつかみやすくなるものの、生データが持っていた細かな情報の多くが消えてしまいます。

階級の幅を決める目安としては、**「データの大きさが$2^n$個程度のとき、適切な階級の個数は$n+1$個である」**というスタージェスの公式が有名です。

今回の例では、データの大きさは47でした。$2^5=32$個と$2^6=64$個の間ですから、適切な階級の個数は6個か7個ということになります。

［図5-3］の度数分布表は階級の個数が6個なので「丁度いい」と言えるでしょう。ただし、**スタージェスの公式はあくまで目安ですから、必ず従うべきものというわけではありません。**

## 相対度数と累積相対度数

度数分布表には、相対度数と累積相対度数というものを付け加えることがあります。**ある階級が全体の中で占める割合**や、**ある階級以下（あるいは以上）が全体に占める割合**を知りたいことは多いからです。

相対度数の定義式は次の通り。

$$\text{相対度数} = \frac{\text{注目している階級の度数}}{\text{度数の合計}}$$

［図5-4］の（i）は、先ほどの度数分布表に相対度数と累積相対度数の列を付け加えたものです。

## ヒストグラムとは

度数分布表によって整理されたデータの分布を、直感的に理解しやすいように柱状のグラフで表したものを、ヒストグラムと言います。

histogram（ヒストグラム）の語源であるギリシャ語の“histos gramma”は、直訳すると「すべてのものを直立に描いたもの」という意味です。

ヒストグラムを考案したのは、社会学に初めて統計学的方法を導入した**アドルフ・ケトレー**（1796-1874）ですが、命名したのは記述統計学を大成した**カール・ピアソン**（1857-1936）です。

ヒストグラムを作成する際には次の2点に注意してください。

**・最初の階級と最後の階級の隣は1階級分あける**

**・隣り合う縦棒と縦棒の間隔はあけない**

これらは最小値や最大値をはっきりさせた上で、途中に度数が0の階級があるように思われないようにするためです。

**図 5-4　分布の表し方**

（i）
相対度数と累積相対度数を加えた【度数分布表】

| 階級(%) | 階級値 | 度数 | 相対度数 | 累積相対度数 |
|---|---|---|---|---|
| 40以上～50未満 | 45 | 2 | 0.043 | 0.043 |
| 50　～60 | 55 | 1 | 0.021 | 0.064 |
| 60　～70 | 65 | 1 | 0.021 | 0.085 |
| 70　～80 | 75 | 12 | 0.255 | 0.340 |
| 80　～90 | 85 | 13 | 0.277 | 0.617 |
| 90　～100以下 | 95 | 18 | 0.383 | 1.000 |
| 合計 | | 47 | 1 | |

※相対度数と累積相対度数は小数第四位を四捨五入した値

（ii）【ヒストグラム】

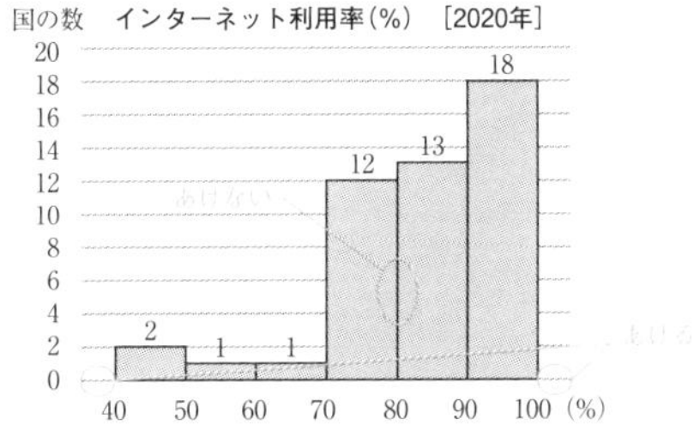

# 3つの代表値で全体を捉える

## 度数分布表やヒストグラムは面倒

前節で、データの分布を知るために度数分布表やヒストグラムをつくることを学びましたが、これらを手作業でつくるのは面倒ですし、つくった後、人に伝える際も紙の資料やディスプレイが必要になります。

そこでもっと簡単に**データ全体の特徴を1つの数値で表す**ことがあります。それが代表値です。ここでは**平均値**、**中央値**、**最頻値**を紹介します。

## 平均値

3つの代表値の中で最も知られているのは平均値でしょう。

同じテストを受けたＡ組とＢ組の平均点が「Ａ組は60点、Ｂ組は70点」と聞けば、「あ～Ｂ組の方が全体的に優秀なんだな」という印象になるでしょう（実際は、極端に成績の良い数人が平均点を引き上げている可能性もあります）。平均の定義は次の通りです。

$$\text{平均}=\frac{\text{合計}}{\text{個数（人数）}}$$

よく知られているこの平均は、正確には「算術平均」あるいは「相加平均」と呼ばれています。他にも「幾何平均（相乗平均）」や「調和平均」などの別の種類の平均もあります。

## 中央値

平均は、外れ値（他の値との隔たりが大きい値）の影響を受けやすいので、平均を見るときは中央値も気にするようにしましょう。**平均と中央値の両方が分かれば、分布についておおまかな予想が立てられます。**

中央値……**データに含まれる値を大きさの順に並べたときの中央の値**

中央値は、データの大きさ（含まれる数値の個数）が奇数のときと偶数のときで求め方が異なるので注意してください。

データの大きさが奇数のとき……**中央値＝ちょうど真ん中の値**

データの大きさが偶数のとき……**中央値＝真ん中にある2つの値の平均**

**図 5-5　データの大きさが奇数と偶数のときの中央値**

**【データの大きさが奇数のとき】**　30　40　40　40　100

（真ん中の40）中央値

**【データの大きさが偶数のとき】**　30　40　50　60　60　70

（50と60）この2つの値の平均が中央値

$$\frac{50+60}{2}=55$$

## 最頻値

最頻値……**データにおいて最も個数の多い値。度数分布表においては最も度数の大きい階級の階級値を最頻値とする**

最頻値の意義はあまり感じられないかもしれませんが、たとえば靴屋さんの場合は「最も売れたサイズ」を知ることは大切です。

一方、テストの点数や身長などの場合、最頻値がわかってもあまり意味はありません。しかし、最も度数の大きい階級を知ることは有意義です。

たとえば、263頁の［図5-4］の度数分布表の最頻値は（最も度数の多い階級の階級値である）「95」です。

# データの「ばらつき」が一目でわかる五数要約

## 最大値・最小値・範囲

前節で学んだ3つの代表値のうち、平均値と中央値の両方が分かれば、分布についておよそ次のような予想が立ちます。

平均値≒中央値⇒平均を中心とする左右対称の分布

平均値＞中央値⇒小さい方に偏った分布（大きな外れ値がある）

平均値＜中央値⇒大きい方に偏った分布（小さな外れ値がある）

ただし、これらはあくまで間接的な予想に過ぎません。

もっと簡単に分布を知る手っ取り早い方法は、最大値と最小値の差を調べることです。統計では、最大値と最小値の差のことを範囲と言います。

## 四分位数

範囲よりも詳細に「ばらつき」を調べるために**四分位数**というものを考えます。

四分位数…**大きさの順に並んだデータを4等分する3つの数値**

3つの四分位数は、小さい方から、第1四分位数、第2四分位数、第3四分位数と言います。第1四分位数は「下位半分の中央値」、第2四分位数は「全体の中央値」、第3四分位数は「上位半分の中央値」です。

各中央値の求め方は、前節を参照してください。

第1四分位数、第2四分位数、第3四分位数はそれぞれ、$Q_1$、$Q_2$、$Q_3$と略号で表すことが多いです。

データのばらつきの様子を、**最小値、$Q_1$、$Q_2$、$Q_3$、最大値**の5つの数を用いて表すことを五数要約と言います。

## 図 5-6 五数要約とは

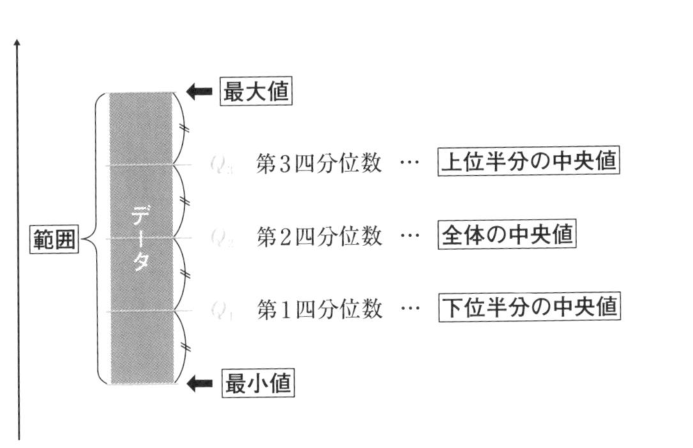


例）

データの大きさが7個のとき

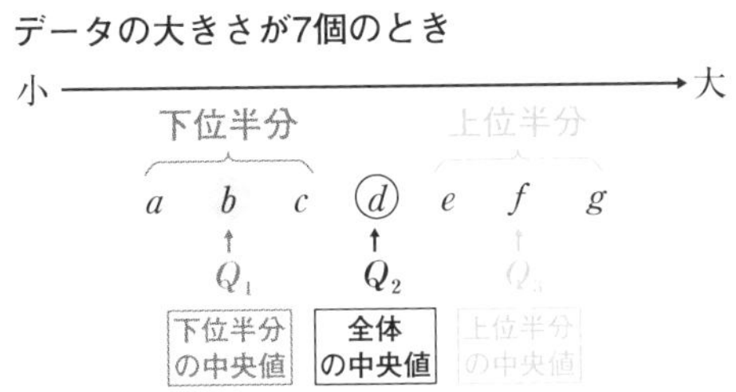


データの大きさが8個のとき

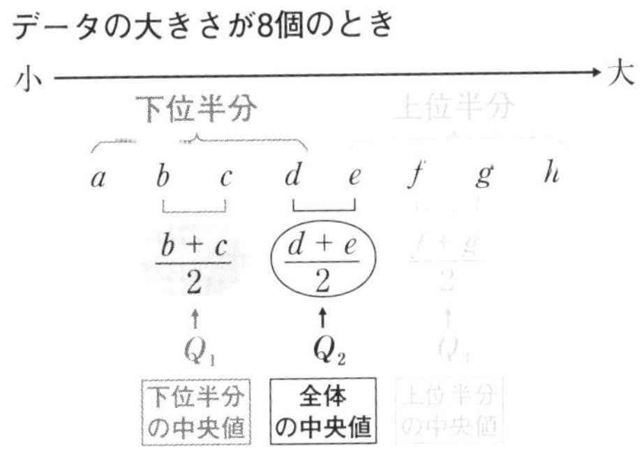

# 箱ひげ図は先入観なくデータをみるためのもの

## 箱ひげ図とは

五数要約に使う5つの数値（最小値、$Q_1$、$Q_2$、$Q_3$、最大値）がどのような間隔で並んでいるかがわかると、データのばらつき具合がわかります。そこで考え出されたのが、箱ひげ図です。

箱ひげ図とは、次のような図のことを言います。

図 5-7 箱ひげ図

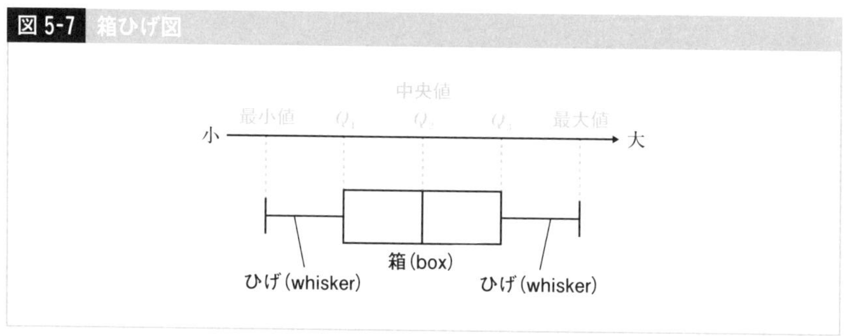


箱の長さは$Q_3-Q_1$（四分位範囲と言います）を表し、ひげの端から端の長さは範囲（最大値ー最小値）を表します。

## 箱ひげ図を発明した人

箱ひげ図を発明したのは、アメリカの**ジョン・テューキー**（1915-2000）という数学者・統計学者です。

彼は1977年に刊行した著作 “Exploratory Data Analysis（探索型データ分析）” の中で、「五数要約」という言葉とともに、箱ひげ図を用いて、データの分布を直感的に理解する手法を紹介しました。

先入観を持って仮説を立てようとするのではなく、まずはデータそのものを見ることの重要性を説いたテューキーは、グラフ（箱ひげ図）といういわば古典的な手法を用いることについて、次のように言っています。

**「グラフは我々に期待しなかったことを気付かせる。それより重要なものはない。」**

テューキーにとっての統計は、学問的な正しさを追求するためのものというより、現場の実務に有用なものであるべきだったのでしょう。このことから、テューキーのことを**データサイエンティスト**のパイオニアだという人もいます。

## 箱ひげ図とヒストグラムの関係

箱ひげ図もヒストグラムもデータの分布を視覚的に捉えるためのものです。ここで両者の関係をみておきましょう。

**図 5-8** 箱ひげ図とヒストグラムの関係

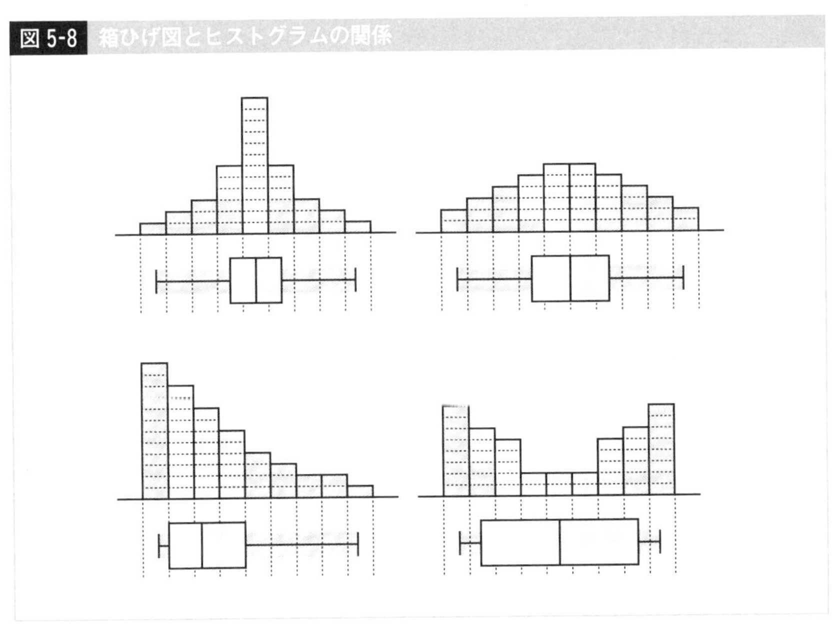

# 《発展》分散と標準偏差

## 平均のまわりのばらつきを調べる

ここからは、中学の範囲を超える発展的な内容になります。前節までに学んだ**四分位数は、中央値のまわりのばらつきを調べる数値**でしたが、ここでは**平均値のまわりのばらつきを教えてくれる数値**を学びましょう。

平均のまわりの散らばり具合を知りたいのなら、**「平均との差」の平均**を調べればよいと直感的に思う方は多いのではないでしょうか？

ここに、平均点は同じで、散らばり具合が大きく違う2クラスのデータがあります。

**A組：30　40　50　60　70　（点）**
**B組：48　49　50　51　52　（点）**

どちらも平均点は50点です。さっそく「平均との差」を計算して合計してみます。詳しい計算の結果は右の［図5-9］の通りですが、「平均との差」の合計を計算すると、A組もB組も0（点）になってしまいます。ということは、合計を人数で割った「平均との差」の平均も、両組とも0（点）です。実はこれは偶然ではありません。**どんなデータでも「平均との差」の平均は0になります**。ちゃんとした証明は、数式を使って示す必要があるのでここでは割愛しますが、イメージだけお伝えしておきましょう。

文字通り、平均とはいくつかの数値の凸凹を平らに均(なら)したものです。

公園の砂場をイメージしてください。

「平均との差」の平均とは、いわば、砂場の凸凹を平らに均した後の地面の高さを0としてから、砂場を掘り起こして元の凸凹に戻し、ふたたび平らに均したときの高さのようなものと言えます。高さが0（最初に均したときの高さ）になるのは当たり前ですね。

図 5-9 （平均との差）$^2$の平均は違いが出る

《A組》

| | | | | | | 合計 | | 平均 |
|---|---|---|---|---|---|---|---|---|
| 得点 | 30 | 40 | 50 | 60 | 70 | 250 | ⇒ | 50（点） |
| 平均との差 | −20 | −10 | 0 | 10 | 20 | 0 | ⇒ | 0（点） |
| (平均との差)$^2$ | 400 | 100 | 0 | 100 | 400 | 1000 | ⇒ | 200（点$^2$）↑分散 |

《B組》

| | | | | | | 合計 | | 平均 |
|---|---|---|---|---|---|---|---|---|
| 得点 | 48 | 49 | 50 | 51 | 52 | 250 | ⇒ | 50（点） |
| 平均との差 | −2 | −1 | 0 | 1 | 2 | 0 | ⇒ | 0（点） |
| (平均との差)$^2$ | 4 | 1 | 0 | 1 | 4 | 10 | ⇒ | 2（点$^2$）↑分散 |

## 分散

そんなわけで、「平均との差」の平均を計算してみても、散らばり具合を知ることはできません。そこで「平均との差」の２乗を合計してから人数で割ってみたらどうか、というアイデアが出ました。2乗すれば−（マイナス）の値も＋（プラス）になるので、＋の値と−の値が互いに相殺されてしまうことを避けられます。

では、先ほどのＡ組とＢ組のデータで「平均との差」の２乗の平均を比べてみましょう。

［図5-9］にあるように、Ａ組では「200」、Ｂ組では「2」となってちゃんと違いが出ます。そこで、この**「平均との差」の2乗の平均**を分散と名付

け、平均のまわりの散らばり具合を調べる指標として使うようになりました。

## 標準偏差

分散を計算してみればデータの散らばり具合を知ることはできるのですが、**分散には2つの欠点**があります。それは**「値が大きすぎる」**ことと**「単位が奇妙」**ということです。

270頁のＡ組とＢ組の生データを見てください。平均が50点であるのに対してＡ組の得点は30点〜70点です。平均の±20点の範囲にすべての得点が含まれているのに、分散は200という値でした。なんだか大きすぎる気がしませんか？

Ｂ組の方にしても、最大値は平均の＋2点、最小値は平均の－2点になっています。そのデータの散らばりの指標が「2」というのは（平均から最も離れている数値を指標にするのは）やはり大きすぎる印象です。

それから、分散の単位が「点$^2$」というわけのわからない単位になっていることも気になります。

値が大きすぎるのも、単位が奇妙なのも「平均との差」を2乗してしまったからです。そこで、**分散の$\sqrt{\ }$（正の平方根）**を標準偏差と名付け、これも平均のまわりの散らばり具合を調べる指標として使われるようになりました。Ａ組とＢ組の標準偏差は次の通りです。

| | 分散 | | 標準偏差 |
|---|---|---|---|
| Ａ組 | 200（点$^2$） | → | $\sqrt{200}=10\sqrt{2}=14.142\cdots$（点） |
| Ｂ組 | 2（点$^2$） | → | $\sqrt{2}=1.4142\cdots$（点） |

Ａ組はおよそ「14.1」、Ｂ組はおよそ「1.4」ですから、生データの散らばり具合を表す値としても納得できます。また単位も「点」でおかしくありません。

分散の欠点が標準偏差を使えば解消されるなら、もう分散なんか使わずに標準偏差だけを使えばいいじゃないか、と思われるかもしれませんが、**標準偏差の方は√ が出てきて、およその値がわかりづらい**という側面もあります。**同じ種類のデータで、単純にどちらの方が散らばっているのかがわかれば十分なら分散を、散らばりの度合いもイメージしたいときは標準偏差を使うという風に使い分ける人が多い**ようです。

## 平均が大きく違う場合はご用心！

ただし、**平均が大きく違う場合は、単純に標準偏差だけを見て散らばりの度合いを測るのは危険**です。

たとえば、平均が5点で標準偏差が1点の場合と、平均が50点で標準偏差が1点の場合とでは、散らばりの度合いは同じではありません（後者の方が散らばりは小さい）。

そこで考え出されたのが変動係数です。変動係数の定義は次の通り。

$$\text{変動係数} = \frac{\text{標準偏差}}{\text{平均値}}$$

**変動係数は、平均値で割っているので、平均値の大きさに左右されません。**実際、次のように、変動係数を使えば、平均が違ってもしっかりと比べることができます。また、**変動係数は単位の影響も受けないので、異なる単位を持つデータどうしでも、散らばりの度合いを比べることができます。**

平均5点、標準偏差1点⇒変動係数＝0.2

平均50点、標準偏差1点⇒変動係数＝0.02

# 《発展》相関関係≠因果関係にご用心

## 人に言いたくなる相関関係

記述統計の中で一番「お〜そうなんだ！」という感動を覚えるトピックスは、相関関係ではないでしょうか。

もちろん、前述の平均や標準偏差などを調べることで、あるデータの性質が明らかになり、それが有益であることは大いにありますが、何かを発見した興奮にまで繋がることは少ないように思います。

たとえば「雨の降る日が増えると交通渋滞の頻度も上がる」や「駅からの距離が長くなると、家賃が低くなる」のように、2つのデータの間に**「一方が増えれば、他方も増える」**や**「一方が増えれば、他方は減る」**といった大まかな傾向があることを相関関係があると言い、特に前者を**「正の相関関係がある」**、後者を**「負の相関関係がある」**と言います。

雨の日に渋滞しがちだったり、駅から離れると家賃の相場が下がったりすることは、わざわざ計算しなくても当たり前のように感じられると思いますが、色々なデータについて調べてみると、意外な組合せの2つの量の間に思いもよらなかった相関関係が見つかることは珍しくありません。

そんなときは、ついつい人に言いたくなるものですが、思わぬ相関関係が見つかったからと言って、まわりに吹聴するのは慎重になった方がいい、ということも後ほどお話しします。

## データマイニングの最初の例

世の中にデータマイニング（膨大なデータから有益な情報を引き出すこと）の事例を最初に紹介したのは、1992年12月23日の「ウォール・ストリート・ジャーナル」に掲載された「Supercomputer Manage Holiday Stock」という記事だったと言われています。記事の内容はこうです。

***アメリカ中西部の小売ストア・チェーンOsco Drugsは、25店舗のキャッシュレジスターのデータを分析したところ、ある人が午後５時に紙おむつを買ったとすると、次に缶ビールを半ダース買う可能性が大きいことを発見した***

この記事は「紙おむつと缶ビール」という意外な組合せに相関関係があることが分かったということで大きな話題になり、今でもデータマイニングの有効性を示す例としてしばしば引用されます。

ちなみにOsco Drugsでは他に「ジュースとせき止め薬」「化粧品とグリーティングカード」など、30の異なる組合せも検証したそうですが、「紙おむつと缶ビール」ほどの相関は見つからなかったそうです。

もちろん、だからと言って「紙おむつが１パック売れると必ず缶ビールも半ダース売れる」というわけではありません。

しかし、この２つの間に相関関係があることから、たとえば「子どものいる家庭では、日曜の午後に妻から紙おむつの買い物を頼まれた夫が、ついでに缶ビールも買って帰るのではないか？」とか「小さい子どもがいる家庭では（まだ）夫婦仲が良い場合が多く、日用品を買いに来た妻が夫のためにビールも買って帰るというケースが多いのだろう」などと考察することができます（後者は多少穿った見方ですが……）。

## 相関関係と因果関係は違う

仮に、ある学校のデータから、体重と数学の点数の間に負の相関（体重が軽ければ、数学の点数がいい傾向がある）が見つかったとします。

でも、だからと言って「我が子の数学の成績を伸ばすためにはダイエットさせなければ！」と考えるのは、早合点です。

そこにどういう因果関係があるのかを慎重に考えないといけません。

ときどき相関関係と因果関係を混同している人がいますが、これらは似て非なるものですから要注意です。**相関関係があるからと言って必ずしも因果関係があるとは限りません。逆に因果関係があるときは必ず相関関係があります**（[図5-10] 参照)。

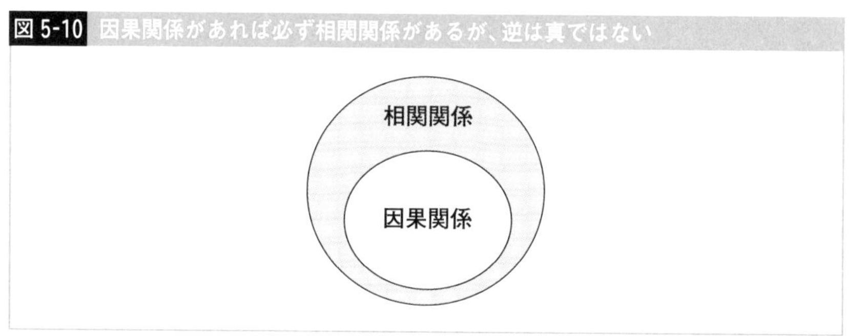

**図 5-10** 因果関係があれば必ず相関関係があるが、逆は真ではない

これについては「空飛ぶスパゲッティ・モンスター教」というパロディ宗教団体（一風変わった名前ですね）が相関関係と因果関係を混同する誤謬を風刺した有名な言葉があります。

**「海賊の数が減るにつれて、同時に地球温暖化が大きな問題となってきた。したがって、地球温暖化は海賊の減少が原因だ。」**

言うまでもなく「海賊の数が減ること」と「地球の温暖化」にはなんの因果関係もありません。たまたま２つの出来事が同時期に起きただけですね。冒頭の体重と数学の成績の間の相関関係もおそらくたまたまでしょう。

また、「おでんの売上が伸びると、風邪を引く人が増える。だからおでんが風邪の原因だ」と考えることも明らかに間違っています。

おでんの売上が伸びるのも、風邪を引く人が増えるのも冬です。よってこれらはどちらも「冬の寒さ」という第３の原因によって起こる結果であり、おでんの売上と風邪を引く人の数の間に直接の因果関係があるわけではありません。一般に、ＸとＹの間に相関関係があるときは、次の５つの可能性があります。

**① X（原因）→Y（結果）の関係がある**

**② Y（原因）→X（結果）の関係がある**

**③ XとYがともに共通の原因Zの結果である**

**④ より複雑な関係がある**

**⑤ 偶然の一致**

海賊の減少と地球温暖化のケースは⑤、おでんの売上と風邪を引く人のケースは③ですね。

## 因果関係を示すのは難しい

では、どんな場合は因果関係があると言えるのでしょうか？

**実は、因果関係があるかどうかを正確に判断するのはとても大変です。**

**ある事柄Aが結果Bの原因であることを証明するためには、Aが起きなければ、Bも起こらないということを示す必要があります。**

しかし、私たちが現実に観測できるのは「Aが起きてBが起きた」という事実だけです。たとえば、野球の試合で応援をしているチームが負けてしまったとき、「8回のチャンスに代打を使っていれば勝てたのに」と言うのは簡単でしょう。でも、本当に代打を使わなかったことが敗戦の原因であるかどうかは、タイムマシーンで時を遡り、実際に代打を使ってみないとわかりません。当然そんなことは不可能です。

因果関係を証明することの難しさは**「もし〇〇でなかったらどうなっていたか」という「反事実」を観測できない**点にあります。これは「因果推論の根本問題」と呼ばれています。

大胆に言ってしまえば、**統計が今日まで発展してきたのは、この問題に立ち向かうべく、さまざまな事柄の間に因果関係が成立するかどうかを科学的（数学的）に検証するためです。**

# 推測統計の2つの手法、母集団と標本

## 標本調査とは

学校や会社で行われる健康診断のように、**対象とする集団の要素をすべて調べること**を、全数調査と言います。

全数調査を行えば、正確なデータは得られますが、場合によってはすべてを調べるのは現実的でない場合もあります。

たとえば、10万本売れた洗剤の顧客満足度を知りたいと思った場合、すべての購買者に対してアンケートを行うことは無理でしょう。

そこで、「だいたいの傾向がわかればいい」と割り切って、もっと簡単に調べる方法が考え出されました。それは全購買者の中から、たとえば100人を選び、その100人が答えたアンケートの結果は、購買者全体の意見に近いだろうと考える方法です。このように、**対象となる集団の一部を調べ、その結果から全体の状況を推測すること**を標本調査と言います。

ここで標本調査における用語を整理しておきましょう。

母集団……**調査の対象となる全体**

母集団の大きさ（サイズ）……**母集団に含まれる要素の個数**

標本（サンプル）……**調査のために母集団から取り出されたものの集まり**

標本の大きさ（サイズ）……**標本に含まれる要素の個数**

抽出……**母集団から標本を取り出すこと**

抽出には、**毎回もとに戻しながら次のものを1個ずつ取り出す**復元抽出と、**取り出したものをもとに戻さずに続けて抽出する**非復元抽出とがあります。

一般に、10万本売れた洗剤の購買者のように**数が多すぎる場合**や、電化製品の耐久性検査のように**全部を調べることは不可能な場合**（商品として成り立たない）、また6月の時点でその年の出生率を考えるときのように、そもそも現時点では**未知の要素がある場合**などは標本調査が行われます。

## 推定と検定

**図 5-11** 推測統計の2つの手法

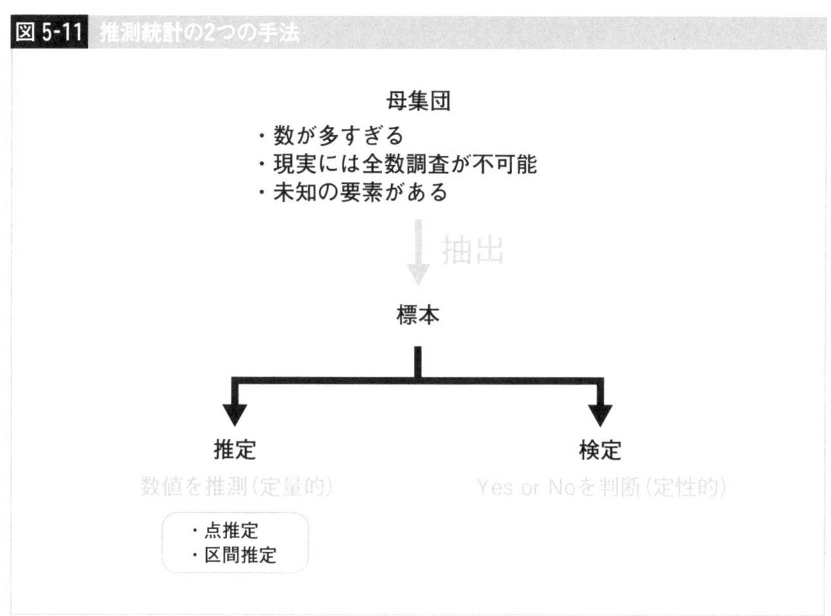


標本調査に基づく推測統計の手法には大きく分けて推定と検定の2種類があります。

**推定は母集団の平均や分散などの値がどのような値なのかを推測する手法**です。一方、**検定は母集団の分布や性質などについて、ある仮説が正しいかどうかをYes or No方式で判断する手法**です。

たとえば、あなたが自動販売機でジュースを買って濃度を調べたところ、78%だったとしましょう。この場合あなたの買ったジュースは、全国で発売されている同じ銘柄のすべてのジュースを母集団とする標本であると言えます。そして「78%」という濃度からその銘柄全体の濃度の分布について数値で推測するのが推定です。これに対し、標本の濃度が78%であるとき、パッケージに書いてある濃度（たとえば80%）が正しいと言えるかどうかを判断するのが検定です。別の言い方をすれば、**推定は定量的であり、検定は定性的であるとも言える**でしょう。

推定にはさらに、標本について調べたことをもとに、母集団の平均や分散などの値をピンポイントでずばり推定する点推定と幅をもたせて推定する区間推定とがあります。

## 無作為抽出は大変！

**標本調査によって、母集団の状況を推測しようとするとき、最も大事なこと、それは標本が母集団のなるべく正しい縮図になっていることです。**

たとえるならそれは、味噌汁の味見は、鍋全体をよくかき混ぜてからでないと意味がないことに似ています。味噌汁全体がほぼ均一に混ざっているということが期待されるときに限り、適当にすくった一匙の味から、味噌汁全体の味を推測できるわけです。

標本が母集団の「正しい縮図」になるためには**母集団から偏りなく標本を抽出することが大切**です。つまり、母集団のどの要素も、抽出される確率が等しくなければいけません。

そのような偏りのない抽出のことを無作為抽出（ランダムサンプリング）と言い、無作為抽出によって選ばれた標本を無作為標本と言います。

しかし、**人間の手が行う場合「ランダム」というのは思いのほか難しいものです。**

たとえば、先ほど例に出した洗剤の満足度アンケートでも、そもそもアンケートに答えてくれる時点で「商品に好意的」という偏りが生じている可能性があります。

同じように街頭アンケートは特定の時間帯に特定の場所にいた人々が対象になるので「世論全体」の標本としては偏りがあると言わざるを得ません。あらかじめ協力者（モニター）を募って、アンケートを実施する場合も同様です。

記事や広告で「世論調査」を見かけたら、調査方法に目を光らせるようにしましょう。多くの世論調査は、厳密には無作為抽出になっていない場合がほとんどです。

無作為抽出の難しさについてフィッシャー（251頁）は著書のなかで次のように書いています。

> ***無作為の順序というのは、人が選んで勝手に決めるものではなくて、賭けに用いる物理的器具、すなわち、カード、サイコロ、ルーレットなどを実際に使って定めた順序、またはもっと迅速に行なうには、そういう操作による実験の結果を与えるために発表された乱数列によって定めた順序である。***
>
> *(R.A.Fisher 著『実験計画法』遠藤健児ほか訳：森北出版)*

サイコロを投げて出た数字を並べたような、まったく無秩序でしかも出現の確率がどれも同じである数の列のことを乱数と言います。推測統計で無作為抽出を行うときにはこの乱数が必要です。

1927年に統計学者の**レナード・ヘンリー・カレブ・ティペット**（1902-1985）は、イギリスの各教区の面積から数字を抜き出して並べただけの「乱数の本」を出版し、これは当時のベストセラーになりました。

ちなみにExcelには「RAND関数」というものが用意されていて、好きな値の範囲で「乱数」をつくることができますが、RAND関数によって生み出される「乱数」はあるプログラム（法則）に従ってつくられているので、厳密には乱数ではありません。そのためRAND関数によってつくられる「乱数」は擬似乱数と呼ばれます。

# 《発展》正規分布と偏差値

## 統計学における最も重要な分布

統計に登場する分布の中で最も重要なものは、正規分布です。

正規分布を表すグラフは、[図5-12] のような**左右対称の美しい釣り鐘型の曲線**（bell curve）になります。正規分布の主な特徴は次の通りです。

- **平均の所に頂点**（ピーク）がある。
- 平均から**標準偏差1個分**離れた範囲に全体の約68.3%が含まれる。
- 平均から**標準偏差2個分**離れた範囲に全体の約95.4%が含まれる。

図 5-12 正規分布

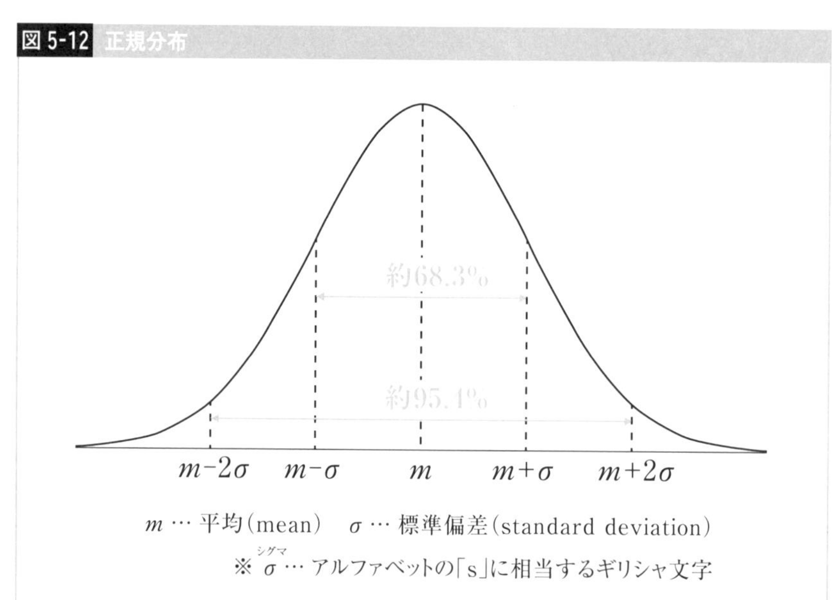

## なぜ正規分布は重要なのか？

自然現象や社会現象のなかには、データの分布が正規分布に近いものが少なくありません。

たとえば降ってくる雨粒の大きさや、生物の身長や体重、それに共通テスト（旧センター試験）などの大人数が受験するテストの結果も正規分布に近いことがわかっています。

とは言え、これだけでは正規分布は重要な分布とは言えないでしょう。

正規分布の曲線には**誤差曲線（error curve）**という別名があります。

ある基準を目指してなにかを作ろうとするとき、人が行う場合はもちろん、機械が作業する場合でも厳密に言えば必ず誤差が生じます。基準よりも小さかったり、大きかったりするわけです。同じように、なにかを測定するときにも、測定誤差を避けることはできません。そうした**「誤差の大きさ」はほぼ正規分布になる**ことが知られています。

さらに、正規分布には他の分布の近似になりうる、という側面もあります。特に**二項分布と呼ばれる分布が、正規分布で近似できる**ことは、非常に有用です。

**二項分布**とは、結果が成功か失敗かの二者択一になる試行を繰り返した結果が示す分布のことを言います。勝つか負けるか、当たるか外れるかなどの結果を伴う試行を繰り返すとき、必ず二項分布が現れるのですが、ふつう二項分布の計算は大変です。その二項分布を近似できるとなれば、正規分布の応用範囲は大変広いことがわかってもらえると思います。

その上、**母集団が正規分布であっても、正規分布以外の分布であっても、母集団から取り出した標本（サンプル）の平均は、正規分布になる**ということもわかっています。

詳しいことは割愛させていただきますが、これを**中心極限定理**と言います。統計学において、「中心的に重要な定理」という意味で、こう名付けられました。

## 正規分布でパン屋の不正を暴いた

ある数学者が正規分布を誤差曲線として活用した有名なエピソードを紹介しましょう。

位相幾何学の大家として知られるフランスの数学者**ジュール＝アンリ・ポアンカレ**（1854–1912）は、あるパン屋に足繁く通っていました。

彼のお気に入りは「1kgの食パン」だったそうです。毎日のように買うその食パンが本当に1kgかどうかを確かめたくなった彼は、あるときから買ってきたパンの重さを量るようになりました。当然、いつも1kgちょうどであるはずがないことは承知していたはずですが、1kgを中心とする正規分布になることは期待していたでしょう。

ところが、1年分くらいのデータが集まったところでグラフにしてみたところ、950gを中心とする正規分布になりました。これは、パン屋がもともと50gをごまかして950gのパンを作ろうとしていたことを意味します。ポアンカレはこのことをパン屋に警告しました。パン屋はおそらく「ちっ、数学者のことは騙せなかったか」と苦々しく思ったでしょうね。

本当に面白いのはこの後です。

その後も疑り深いポアンカレは記録を続けました。そして、警告後のパンの重さを改めてグラフにしてみたところ、今度は正規分布にはならずに、右（重いほう）に歪んだグラフになることを発見します。

このことからポアンカレは、パン屋は相変わらず1kgより軽いパンを作り続けていて、うるさい自分にだけそのとき店にあるパンの中から重めのパンを選んで渡していたことを見抜きました。ポアンカレは再びパン屋に警告しました。ポアンカレには重めのパンを渡していたのにもかかわらず、1kgより軽いパンを作り続けていたことを見抜かれたパン屋は、一度目とは比べものにならないほど驚いたそうです。

一般に、**正規分布になるはずの分布がならなかった場合、なにか不自然な力が作用したと考えることができます。異常を発見できるのです。**

## 偏差値

偏差値という言葉は有名ですが、偏差値の算出方法や意味を正確に分かっている方は多くありません。

**偏差値はデータ全体の中である特定のデータがどれだけ「特殊」であるかを測る指標です。**

**偏差値は平均点に対して50を与え、そこから標準偏差1個分ずれる毎に±10します。**計算式で書けばこうです。

$$偏差値 = 50 + \frac{特定のデーター平均値}{標準偏差} \times 10$$

前述の通り、共通テストのように非常に多くの人が受けるテストの結果は正規分布になります。正規分布では平均から標準偏差1個分離れた範囲に全体の約68.3%が含まれるのでしたね。つまり、共通テストでは偏差値40〜60の範囲に全受験生のおよそ7割が含まれます。

また（平均から標準偏差2個分離れた範囲の）偏差値が30〜70の範囲には全体の約95%が入ります。逆に言えば、この範囲に入らない人は全体の5%です。正規分布は左右対称なので、偏差値が70を超えれば、全体の上位2.5%に入っていることがわかります。

仮に100人が受験したテストの結果が正規分布になったとすると、偏差値70の人は2位か3位といったところでしょう。

現代人の必須スキルになりつつある統計は、中学の数学がわかっていれば、「数字に強い人」と思われるレベルまで学びを進めることができます。ぜひ、チャレンジしてみてください。

# おわりに

本書で繰り返しお伝えしてきた通り、数学が得意になるために、一番大事なことは、公式や解法の丸暗記をやめることです。

公式を暗記し、そこに数字をあてはめて問題を解く、という行為は数学的ではありません。テストが終われば公式は忘れてしまうでしょう。

反対に、「なぜそういう結論になるのか」というプロセスに目を向けられるようになれば、数学はいずれ忘れてしまう知識ではなく、忘れられない知恵になります。

だからこそ、今回「一度読んだら絶対に忘れない」シリーズの執筆依頼を頂戴したときは、大変嬉しく思いました。私が日頃、数学教師として最も大事にしていることをお伝えできるテーマだったからです。

本書は、ホームルームでお伝えした「3ステップ」のうち、①「定義の確認」と②「公式の証明」に重きを置いています。

問題演習というアウトプットばかりを繰り返し、定義の確認や定理・公式の理解（証明）をないがしろにすることこそが、数学が苦手になってしまう元凶であるというのが、私の信念だからです。

本書で扱った内容は、数学全体の基礎となる最重要部分ですが、まだまだ数学の「物語」は続きます。読者のみなさんが本書をきっかけに、先の物語を読む気になってくだされば、筆者としてこれ以上の喜びはありません。

最後になりましたが、本書編集担当の山田涼子さんには、心から感謝の意を表したいと思います。読者目線の有益なアドバイスを多数頂戴したことと、細やかな配慮をもって執筆のサポートをしてくださいましたことを、この場をお借りして、厚く御礼申し上げます。

永野裕之

## 参考文献


- 検定教科書『これからの数学1』(数研出版)
- 検定教科書『これからの数学2』(数研出版)
- 検定教科書『これからの数学3』(数研出版)
- 検定教科書『新しい数学1』(東京書籍)
- 検定教科書『新しい数学2』(東京書籍)
- 検定教科書『新しい数学3』(東京書籍)
- 『ユークリッド原論　追補版』
  (翻訳・解説：中村幸四郎、寺阪英孝、伊東俊太郎、池田美恵：共立出版)
- 上垣渉著『はじめて読む　数学の歴史』(ベレ出版)
- 中村滋・室井和男著『数学史』(共立出版)
- 高瀬正仁著『微分積分学の誕生』(SBクリエイティブ)
- 松原望著『人間と社会を変えた9つの確率・統計学物語』(SBクリエイティブ)
- 西内啓著『統計学が最強の学問である』(ダイヤモンド社)
- 『ニュートン別冊　統計と確率ケーススタディ30』(Newtonムック)
- 永野裕之著『中学生からの数学「超」入門』(ちくま新書)
- 永野裕之著『ふたたびの確率・統計 [1] 確率論』(すばる舎)
- 永野裕之著『ふたたびの確率・統計 [2] 統計論』(すばる舎)

著者プロフィール

## 永野裕之（ながの・ひろゆき）

永野数学塾塾長。プロの指揮者（元東邦音楽大学講師）。
1974年東京生まれ。東京大学理学部地球惑星物理学科卒。同大学院宇宙科学研究所（現JAXA）中退後、ウィーン国立音大へ留学。副指揮を務めた二期会公演モーツァルト「コジ・ファン・トゥッテ」（演出：宮本亞門、指揮：パスカル・ヴェロ）が文化庁芸術祭大賞を受賞。主な著書に『とてつもない数学』（ダイヤモンド社）、『ふたたびの高校数学』（すばる舎）、『教養としての「数学I・A」』（NHK出版新書）など。わかりやすく熱のこもった数学指導はメディアでも度々紹介され、永野数学塾は常に予約キャンセル待ちの人気となっている。

一度読んだら絶対に忘れない
数学の教科書

2024年6月6日　初版第1刷発行
2024年9月30日　初版第4刷発行

著　者　永野裕之
発行者　出井貴完
発行所　SBクリエイティブ株式会社
〒105-0001 東京都港区虎ノ門2-2-1
装　丁　西垂水敦（krran）
本文デザイン　斎藤充（クロロス）
本文DTP・図版　クニメディア株式会社
編集担当　山田涼子
印刷・製本　中央精版印刷株式会社

本書をお読みになったご意見・ご感想を
下記URL、またはQRコードよりお寄せください。
https://isbn2.sbcr.jp/19794/


ISBN 978-4-8156-1979-4